工业设计科学与文化系列丛书

设计工具与表现

[日] 清水吉治 著　黄河 张福昌 译

清华大学出版社
北　京

内 容 简 介

本书是日本著名工业设计家清水吉治先生为设计草图的初学者专门打造的一本入门书。

不管计算机技术如何快速发展，在把抽象的概念转换成具象的商品过程中，熟练的手绘草图技能仍是设计师迅速表达创意方案并进行交流时的重要技能。本书全面、系统、详实地介绍了绘制设计草图的工具、材料和草图的训练方法，并选择了具有代表性的产品案例，详细介绍作图步骤，还附上了复习要点和可直接描摹练习的线轮廓图，对初学者了解工业设计草图的表现效果与工具、材料的关系，选择合适的工具和材料，迅速掌握草图技法有很大的帮助。

图书在版编目（CIP）数据

设计工具与表现 / (日) 清水吉治著；黄河, 张福昌译. — 北京：清华大学出版社，2019.11

（工业设计科学与文化系列丛书）

ISBN 978-7-302-54227-8

Ⅰ.①设… Ⅱ.①清… ②黄… ③张… Ⅲ.①工业设计 Ⅳ.①TB47

中国版本图书馆CIP数据核字(2019)第258096号

责任编辑：冯　昕
封面设计：傅瑞学　清水吉治
责任校对：赵丽敏
责任印制：丛怀宇

出版发行：清华大学出版社
　　　　网　　　址：http://www.tup.com.cn，http://www.wqbook.com
　　　　地　　　址：北京清华大学学研大厦 A 座　　　邮　　编：100084
　　　　社 总 机：010-62770175　　　邮　　购：010-62786544
　　　　投稿与读者服务：010-62776969，c-service@tup.tsinghua.edu.cn
　　　　质量反馈：010-62772015，zhiliang@tup.tsinghua.edu.cn
印 装 者：北京博海升彩色印刷有限公司
经　　销：全国新华书店
开　　本：210mm×285mm　　印　　张：12.25　　字　　数：350 千字
版　　次：2019 年 12 月第 1 版　　印　　次：2019 年 12 月第 1 次印刷
定　　价：75.00 元

产品编号：043390-01

从1982年在东京参加清水先生的效果图录像带发布会至今，我认识清水先生有37年多了。本书是近10年来我与清水吉治先生的第四次合作，约请他编著、我担任翻译、在清华大学出版社出版的第四本工业设计草图的著作。每一次翻译总有温故知新的感受，受益匪浅。

第一本是在2005年商定好内容，于2007年出版的《制图·草图·模型》，这是从事工业设计必须掌握的设计表现技术的教材。由于这本书的内容比较系统又符合我国工业设计的教学，因此出版后被很多院校作为教材使用，受到设计院校和企业设计师的广泛好评。

第二本是2009年商定内容后，于2011年出版的《产品设计草图》，这是专门针对目前工业设计教学中重计算机技术、忽视手绘草图现象而编著的草图教材，出版后同样受到设计界的青睐。

第三本《工业设计草图》作为"工业设计科学与文化丛书"系列之一，和清水先生商量后于2012年8月由清华大学出版社出版发行。

第四本《设计工具与表现》是考虑到很多设计院校的学生和企业的工业设计师在草图训练中遇到的困惑，于2013年和清水先生多次商量以后，结合清水先生长期积累的草图教学经验而编写的。

本书是清水吉治先生从事工业设计及教学半个世纪以来理论与实践的系统总结。清水先生的职业生涯正是日本工业设计发展的写照，他20世纪50年代在日本学习工业设计，毕业后到著名企业从事工业设计；70年代带着理想到芬兰留学，回国后不但为企业设计了很多新产品，还应政府、企业和院校的邀请，在国内外作讲座、指导；90年代以后主要在日本国内设计院校从事工业设计教育；21世纪起的10年间在我国数十个设计院校讲学、传经送宝，帮助我国培养了一批设计草图人才，成为我国工业设计院校几乎人人皆知的设计草图专家。清水先生在本书中不但介绍了日本战后工业设计发展的几个代表性阶段的珍贵作品，而且把他几十年来从事工业设计实践和草图教学的全部经验无保留地、无私地奉献了出来，是目前工业设计草图教材中全面、科学、系统、务实，而且易学易懂、易于掌握的教材。本书不仅可以作为研究工业设计草图发展过程的资料，同时在今天仍然可以作为工业设计专业师生和企业设计人员系统学习工业设计草图效果图的优秀教材。

俗话说："工欲善其事必先利其器"，在刚开始工业设计草图练习时，往往不了解表现效果与工具材料的关系，不知道如何选择和使用草图的工具和材料，更不知道如何练习能够快速取得成效。为了解决这些困惑，清水先生根据我国工业设计教学的情况，结合他在日本长期从事草图教学的经验精心准备，编写了这本教材。由于当时清水先生正值80大寿，忙于准备在东京举办作品展，之后体检发现身体有问题，每个星期要去医院理疗几次，加上我自己忙碌，也不好意思向他催稿。但在2014年8月我收到了清水先生病中断断续续写好一大半的书稿，到2015年春，清水先生抱病坚持把书稿完成，他的责任心让我非常感动。我于2016年1月完成书稿初译，由于工作和社会活动繁忙，后期的翻译、校对等主要工作均由广州美术学院工业设计学院的黄河博士完成，2017年初终于将书稿交给了出版社，悬在心中的石头才落地。

清水吉治先生是当代日本工业设计界和设计教育界的著名的设计家，他的草图效果图在日本有很高的威望和影响，他编著的有关草图技法的著作，无论哪一本都体现了理论联系实际、图文并茂、从基础到专业、从易到难、循序渐进、系统科学的训练方法。同时，作者还选择了设计中有代表性的不同类型的产品草图，详细地介绍了作图步骤，并附上复习要点。这次清水先生根据他的教学经验，为了让刚学习工业设计专业的同学更快掌握草图技法、增强自信心，还附上了练习时可以直接复制用的线轮廓图，在他的教材中这恐怕是第一次出现。

清水先生告诉我，不管计算机技术如何快速发展，在把抽象的概念转换成具象的商品过程中，熟练绘制草图仍然是设计师迅速表达很多创意方案并进行交流时计算机所无法替代、必不可少的重要技术。因此，无论是在工业设计还是服装设计、建筑设计、动漫设计等设计领域，草图技术始终是设计师必须熟练掌握的技术。

清水先生不仅在日本设计界，在我国设计界也有很大影响，他怀着对中国工业设计教育的满腔热情，无私奉献，他的足迹遍布我国大江南北，在数十个大学讲学，还在"谷田东莞艺术研修所"为我国数百名工业设计专业师生授课、培训，他为提高我国设计院校师生表现技术作出了贡献。他高超的专业技术和高尚的人格更为我们树立了榜样。

希望本书能成为我国从事工业设计专业师生和企业设计师的良师益友，手绘草图技术成为您从事设计创意、交流竞争的贴身武器，更期待我国能够涌现出像清水先生那样有自我风格的设计家来。

本书的出版自始至终得到了清华大学出版社张秋玲编审的全力支持和帮助，责任编辑一丝不苟、精益求精的工作精神也为我树立了榜样。在此一并表示最诚挚的感谢！

因译者水平有限，错误在所难免，敬请大家批评指正。

江南大学教授、博导、日本千叶大学名誉博士　张福昌

2019年8月9日

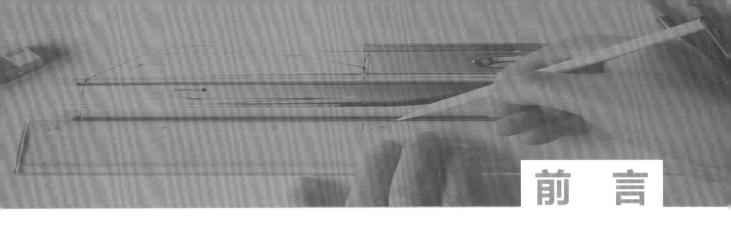

即使现在是用计算机进行工业设计的时代了，但通过手工来表现模型或草图的重要性没有改变。将头脑中想到的东西挖掘出来，变成实物，通过手工进行立体表现或草图表现，这种功能性具有其他手段无法比拟的可能性。

本书介绍了工业设计表现所必需的工具、画材，同时给出了很多作品图例。

在立体造型和表现这一章，图解介绍了使用黏土、石膏和发泡塑料（聚苯乙烯）等材料制作的模型。在平面造型（草图和制图等）这一章，图解介绍了各种规尺、纸、马克笔、色粉笔、铅笔和其他各种工具的使用。此外，在设计草图这一章里，给出了很多使用各种工具所画的基础表现法的图例，透视作图法（Jay Doblin的透视法）和产品设计草图的实例。

本书还附上了一些产品设计草图的底稿，读者可根据自己的需要将这些草图底稿任意放大、缩小和变形来进行练习。

为了通俗易懂，本书尽可能减少文字解说而用图解来说明。

最后，本书若能对学习工业设计的学生和对工业设计有兴趣的读者有所帮助的话，笔者将深感荣幸。

清水吉治

2016年2月

目　录

第1章

设计工具与表现概述

在工业设计领域，设计师将自己的设计展示给他人、让人理解设计的内容是极为重要的。与此同时，设计师自身为了确认造型、展开构思，在设计构思阶段将设计意图表现出来也是必不可少的。

在工业设计领域，构思展开通常有如下方法：

（1）用草图表现构思，以便让他人理解，常用构思草图、概略草图、效果图等。

（2）在计算机上反复进行设计展开，为达到设计目标而进行一系列计算机操作。虽然随着3D、CG、CAD软件的普及，如今从草图到产品化都可以用计算机来实现，但是，在工业设计过程的初期、中期阶段和研讨阶段并不大使用计算机。这是因为在有限的时间内展开和表现各种各样的设计创意时，手脑并用，用手绘设计草图来表现绝对更快。

但是，在工业设计过程最终的设计决定阶段，计算光源位置、物体色和反射率等因素后，制作精细的效果图和模型表现时，3D、CG、CAD软件的使用就不可缺少了。（有关3D、CG、CAD等软件的书籍众多，本书不再赘述。）

（3）开始将造型的构思制作成三视图，边作图边完成设计目标的制图作业。为了了解设计的尺寸和整体尺寸的比例，可以说这是极有效的手法之一。

（4）正像"立体是从立体开始到立体结束"所说的那样，从工业设计开始的时点起，就直接确认使用方便、质感等要素，直至最终完成的立体模型。

以上介绍了工业设计师造型表现的方法。概括起来，就是除计算机辅助工业设计工作外，大体分为两大类：一类是立体（模型）的表现，另一类是平面的表现。

立体（模型）表现时必需的用具、材料种类很多，本书主要就现在工业设计师最常用的黏土（模型专用黏土）、发泡材料（发泡塑料类）和石膏等相关用具进行介绍。

在平面（草图、制图等）表现时必需的工具中，本书主要就目前使用频率最高的插图用纸、马克笔和色粉笔等作详细说明。

与此同时，就这些用具、材料的表现实例进行图解说明。

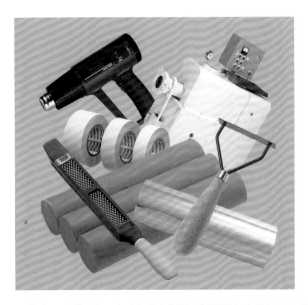 

立体表现（模型）、平面表现（草图、制图等）中使用的工具、材料种类非常多，本书只就现在工业设计师使用频率最高的用具材料进行图解说明。

第2章

立体造型（模型）的工具及表现

在工业设计从概念构想到完成的过程中，视觉传达设计师意图的方法有上述的草图、图纸和模型等，应该根据设计的进程来选择使用。

其中，制作设计模型的优点是设计师可以用手触摸实际的形体，直接确认形体的进深、量感和动作，能展开立体造型。

这种设计模型，根据设计的阶段、制作的目的和意义不同，大体可分为以下三类。

1. 设计研究目的的模型（概略模型）

这种模型又被称为"外观模型"（study model），是在设计过程的初期和中期阶段，设计师展开和确认自己的构思而用的模型。这种模型一般由设计师自己制作。制作材料可以由设计师根据表现的需要，自由选择黏土、石膏、发泡塑料、模型用发泡纸板和纸等。

2. 替身模型（dummy model）

这种模型又被称为"展示用模型"（presentation model），是设计意图的提出和展示用的模型。这类模型的外观、质感等看上去几乎与产品一样。因为是重视外观造型的模型，因此在模型的内部一般不装入结构装置和驱动装置等。设计师制作这类模型时，一般使用黏土、发泡塑料、模型用发泡纸和石膏等。如需要制作要求更高的模型时，一般需要委托模型专门企业来制作。

3. 样机模型（prototype model）

这种模型又被称为"工作模型"（working model），它包括外观和内部的结构装置和驱动装置等，是与最终产品完全一样的模型。

通过实际使用这种试制（模型）品，可以对其设计性、性能、动作和量产性等进行最终探讨和确认。

由于产品样机模型需要高度的制作技术，一般不由设计师自己制作，而是委托专门的模型制作企业来完成。

以上简要叙述了三种模型，工业设计师必须自己动手制作的模型，主要是设计研究目的的模型和替身模型这两种。因此，这里就这两种模型所使用的用具材料及表现实例作图解说明。

2.1 黏土

目前，工业设计领域最常用的黏土（clay）有油土（oil clay）和工业设计黏土（industrial clay）两种。

1. 莱昂油土（Leon oil clay）

以无公害的油和天然的土为原料，是不使用硫磺的油土。石膏容易剥离，且具有凝固放热时都能承受的硬度，因此可用于石膏模原型和较为简单的模型制作。

此外，这种油土如果保管得当，还可以反复使用，较为经济。油土为灰色系，有普通硬度、中间硬度和高硬度三种。

莱昂油土／从左起为中间硬度、普通硬度和高硬度油土，都是1kg包装。
其中高硬度油土，由于硬度适中，表面处理和加工性好，最适合工业设计师使用。

油土制作的模型实例

右图为卷笔刀的油土模型/设计和制作：松田信次。
短时间内制作实物大的模型时，油土是最佳材料。
这个卷笔刀的模型其实只用一天就制作成了。
下图为两节车厢的车辆黏土模型（1/30缩小比例）/设计
和制作：松田信次。
车辆模型的黑色顶部和窗面等用彩色薄膜粘贴而成。

2. 工业设计黏土

这是用于制作工业产品（汽车、摩托车和小家电等产品）的立体造型设计时所用的模型用化学合成黏土。

这种黏土的特点是不受温度的影响而膨胀和收缩，在25℃左右的常温下具有适当的硬度，其形态非常稳定。此外，由于常温时较硬，需要使用专门的黏土烤箱（加热器具）等将黏土本身从外到里加热后使用。

一般加热到45~60℃就变软，即可装到内芯（木头、塑料等装入黏土内部的芯材）上。待冷却后使用工具还能进行手工切削加工。

因黏土可以反复地自由涂装和切削，使设计变更更为容易，切削下来的黏土碎片也可以收集起来再使用。

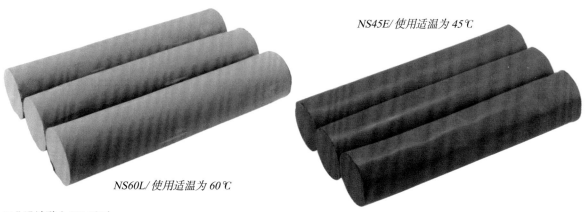

NS45E/使用适温为45℃

NS60L/使用适温为60℃

工业设计黏土 NS 系列

这类黏土均不使用硫磺，是一种可以焚烧处理的面向未来的工业设计黏土，重量为原来黏土的2/3左右。工业设计黏土"NS
系列"有使用温度为60℃的"NS60"和黏性较强、使用适温为45℃的"NS45"两种。

· 黏土模型的历史

1919年，美国工业设计师（后来负责美国通用汽车公司第一代车型设计）尝试用水性黏土来制作模型。

这之前一直使用木材制作模型，一旦削下去很难恢复原状，因此，使用可以很容易进行添加和切削的黏土来制作车模可以说是划时代的方法。

油性黏土最早是1927年GM制作模型时使用的，在汽车设计开发中的使用也始于这个时期。当时在日本只有极少数的设计师通过雕塑用的油土和石膏小规模地制作缩小比例的模型和部分实际尺寸模型。1956年，应当时通产省工艺试验所邀请，美国艺术中心设计学院（Art Center College of Design）的教授到日本主办设计讲习会，特别就汽车设计的手法和用具等进行了实习。作为模型制作的素材，工业设计黏土在日本开始被广泛使用。

· 工业设计黏土模型制作一例

（a）将工业设计黏土放进烤箱（加热器）加热,使黏土柔软。

（b）用木材和塑料等材料制作模型的内芯。制作的内芯应比黏土模型略小2圈。

（c）将烤箱中适温加热的黏土取出,用手将黏土黏附到模型内芯上。

（d）使用黏土刮刀（工具）,从粗略的大体切削直到加工成漂亮的模型表面。

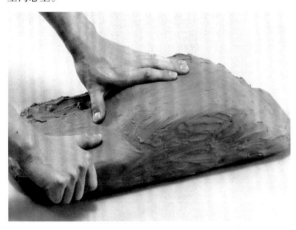

2.2 黏土模型制作工具

制作黏土模型的工具和材料有很多,这里主要对与工业设计黏土有关的用具进行图例说明。

1. 小型烘箱（加热器）

可以说这是对工业设计黏土进行加热最合适的、黏土专用的小型烘箱的经典。这种烘箱能控制内部温度的分布,使黏土从表面到中心部位都能均匀加热。同时通过设定时间,使黏土达到适当的温度。此外,箱体内壁和托盘都是不锈钢制,不会生锈,易于清理。

外部尺寸: 550cm（长）×545 cm（高）×395cm（宽）,
内部尺寸: 300 cm（长）×450 cm（高）×300cm（宽）,
最多可放入16根黏土（4层×4根）。

2. 黏土用刮刀

刮刀的种类很多，有粗切削用的平头刮刀、挖孔和深挖等使用的刮刀、切削大面积的直形刮刀、对窄小部分进行切削的三角形刮刀，还有进行最后精细修饰加工用的刮刀和木工使用的刨子型刮刀、修饰用的刮刀等。

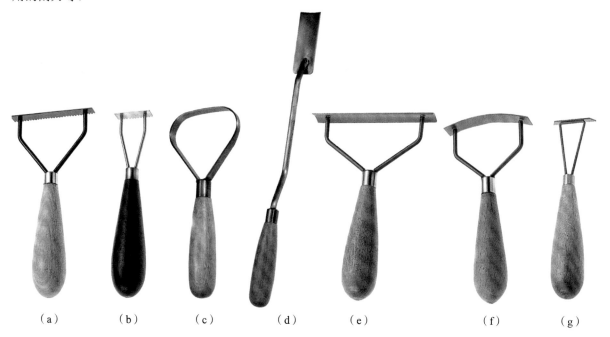

（a）　　　　（b）　　　　（c）　　　　（d）　　　　（e）　　　　（f）　　　　（g）

*（a）**笔直刮刀**：刀刃呈锯齿形，将黏土涂装在模芯上之后，主要使用这种刮刀进行粗加工。（b）**笔直型不锈钢刮刀**：因刀刃使用不锈钢制作，故不易生锈。（c）**hogger**：挖孔和深挖用刮刀。（d）**chisel**：凿子型刮刀，可以用于削刮和挖孔。（e）、（f）：**hogger** 有直线刀刃和曲线刀刃两种。与笔直刮刀一样，主要用于粗略加工。（g）**最后加工用刮刀**：这是将已经具有一定光滑程度的模型表面加工得更加光滑的表面用刮刀。*

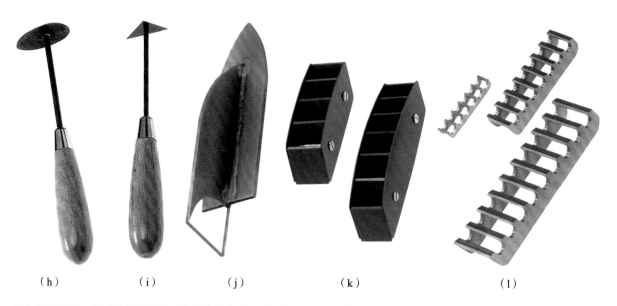

（h）　　　　（i）　　　　（j）　　　　　　（k）　　　　　　（l）

*（h）**蛋形刮刀**：用于雕刻圆形凹面和狭沟以及处理内侧曲面。（i）**三角刀刃刮刀**：用于直线刀刃刮刀和曲线刀刃刮刀难以加工的狭窄地方的切削。（j）**泥瓦刀型刮刀**：这种刮刀与泥瓦工使用的泥瓦刀很像，主要用于削薄模型表面。（k）**钢铁制刨刀**：这是装有数片直立刀刃的刮刀。主要用于模型面的切削，将刀体两侧的螺丝松开就可分解，很容易清洗。因是钢铁制作，所以要勤清洗，防止生锈。（l）**铝制刨刀**：这也是由多片直立的刀刃构成的切削油泥模型面的刮刀。由于刀体是铝材一体构造的，故不能分解开来，但重量较轻。*

线状刮刀

在切削油泥的凹面和细部表现时，使用这类刮刀。这类刮刀种类丰富，可以根据用途进行选择。这里仅示出 9 种。

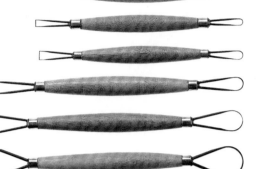

特大刮刀

这是在碳素纤维上染上数层热固化塑料、在特殊的窑里加热固化而成的板状刮刀，主要用于大面积粗加工。

大型钢板刮刀

这是将大面积模型油泥面加工得平滑流畅用的钢板刮刀。当模型曲面半径大的时候，可以将刮刀弯曲使用。

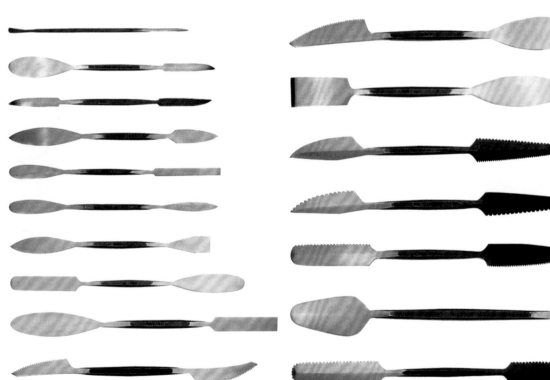

钢铁刮刀：这些都是用钢铁制作的造型用刮刀。这些刮刀用于油土、工业设计黏土、石膏等材料制作模型的堆高、加工、修正、切削等。

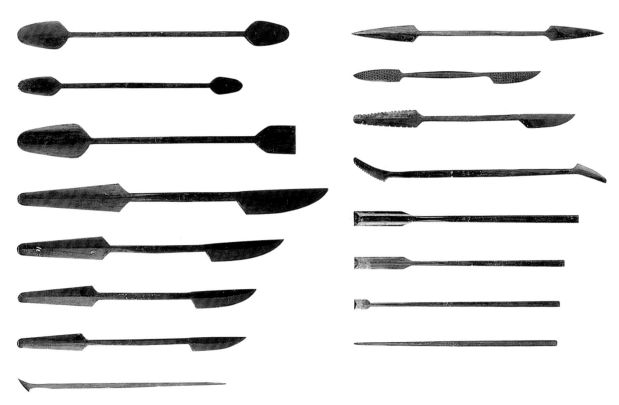

铁制刮刀：这些铁制刮刀主要用于黏土、油泥、工业设计黏土、石膏等材料制作模型时的堆高、切削和剥离等用途，是十分坚固的刮刀。种类很多，可根据用途进行挑选。

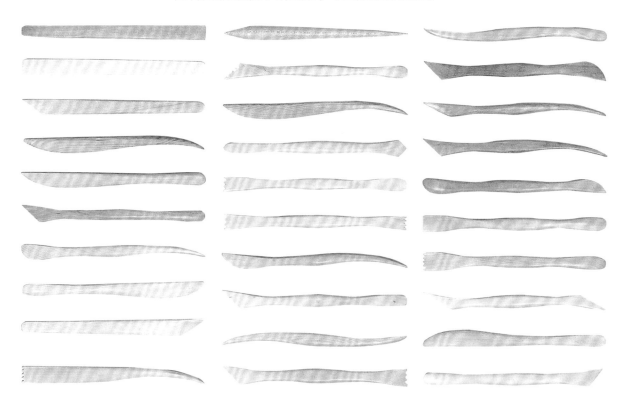

硬木刮刀：这是用最优质的硬木制作的刮刀。用普通黏土、油泥、工业设计黏土和石膏等材料制作模型时，使用这类刮刀。为了适合各种想表现的形状，它的种类也很丰富，可以根据用途选择使用。

3. 制作黏土模型的工作台

下面的模型制作工作台，外观设计简明、轻快，是聚集了模型制作所必要的各种功能的工作台。

工作台的特征：

（1）有利于集中精力，进行高强度和高精度的工作。

（2）工作台的两腿成 >< 型的开放状，作业者的脚不易在工作时碰到桌腿，工作时心情放松。

（3）加工黏土用用具等可以收藏在两只 A4 大小的托盘里，小工具易于整理。

（4）为使模型制作过程中切削下来的碎片易于清理，工作台附有清扫用的托盘。

4. STABA（德国）制圆角测定器

这是木梳状的圆角测定器，长度可以自由改变。这种测定器可以测定以往难以测定的圆角和大范围的圆角。

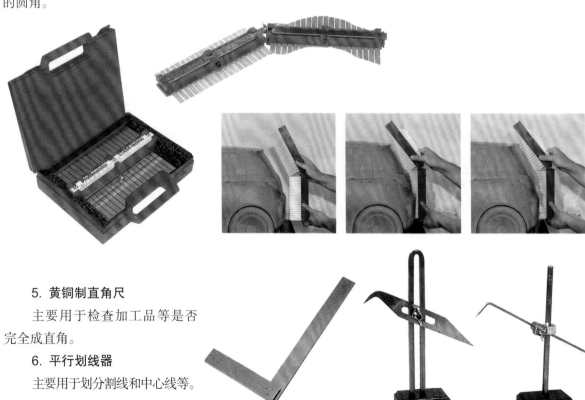

5. 黄铜制直角尺

主要用于检查加工品等是否完全成直角。

6. 平行划线器

主要用于划分割线和中心线等。

7. 素色黏土模型薄膜

　　黏土模型薄膜主要粘贴在用工业设计黏土等制作的模型上，用以确认面的形状和色彩等。这种薄膜有银色、黑金属色等彩色系和可以着色的透明系两类。无论哪一种薄膜都是用糨糊粘贴，因此，粘贴位置的微调较为简单。可以说，最适合确认完成品是否美观和修正模型的细部。

Clear

CMF-01001
W930mm×L30m Roll

透明

Silver

CMF-03001
W930mm×L30m Roll

银色

Black Metallic

CMF-04001
W930mm×L20m Roll

黑金属色

Mat Black

CMF-13001
W930mm×L20m Roll

黑亚光

Steel Gray

CMF-15001
W930mm×L20m Roll

灰金属色

Red

CMF-05001
W930mm×L20m Roll

CMF-05002
W450mm×L5m Roll

红色

White Metallic

CMF-07001
W930mm×L20m Roll

CMF-07002
W450mm×L5m Roll

白金属色

Gunmetal II

CMF-06002
W930mm×L20m Roll

枪炮金属色

8种素色的黏土模型薄膜样品

黏土模型薄膜使用实例和使用方法

透明薄膜

银色薄膜

红色薄膜

黑金属色薄膜

彩色（着色）薄膜的使用方法

　　将薄膜浸在凉水或温水里，过一会儿将薄膜后面的衬纸剥离，只剩薄膜，然后将薄膜贴在模型上。事先在粘贴部位上喷雾等使模型湿润，这样作业时容易调整粘贴位置，易于润饰。可以用橡胶刮刀等工具将薄膜内的气泡和水排除，再用布进一步擦拭，使薄膜更紧密地粘贴在模型上。

透明薄膜的使用方法

　　粘贴前必须将有机溶剂涂料等涂在薄膜表面（如不涂装，薄膜无法伸缩）。透明薄膜在涂料所含有机溶剂（如稀释剂）的作用下变得柔软，在涂料半干状态时浸入凉水或温水里。之后的使用方法与彩色薄膜相同。

8. 木纹黏土模型薄膜

这是事先印有茶色系木纹的模型薄膜。使用方法与上述素色黏土模型薄膜完全相同。

从左起：明亮的木纹薄膜、较深的木纹薄膜和暗色的木纹薄膜。

9. 薄膜粘贴用刮刀

以下都是为了在黏土模型上很漂亮地粘贴模型薄膜所使用的刮刀类用具。

薄膜用刮刀

这是用于平滑粘贴模型薄膜的塑料刮刀。

椭圆形橡胶刮刀

因是椭圆形，故主要用于将黏土表面处理得流畅、平滑。

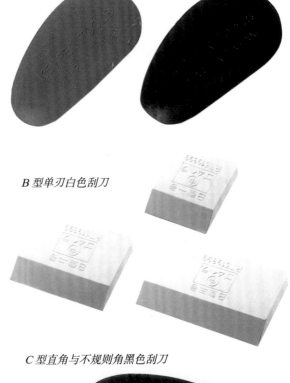

橡胶刮刀

这是在粘贴模型薄膜时使用的橡胶刮刀。
这些刮刀虽是钣金橡胶刮刀，但很多设计师也喜欢使用。

B 型单刃白色刮刀

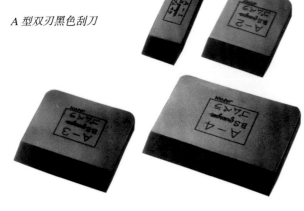

A 型双刃黑色刮刀

C 型直角与不规则角黑色刮刀

2.3　石膏

石膏作为工艺美术品的造型材料和模型制作材料、陶瓷加工型材、建筑用材、牙科用材等，在很多领域被广泛使用。石膏只需和水混合，在很短时间里就能成为结实的固体，用刀、锯、刨等普通的工具很容易进行加工。此外，石膏无论用注浆成型还是辘轳成型，都容易造型加工，因此是工业设计领域和造型教育领域不可缺少的一种造型材料。

熟石膏

将原石用常压法烧制、粉碎而成的石膏粉。

由于这种石膏粉粒子很细且有黏性，故容易进行精细加工，纯白的石膏也能创作出美丽造型的作品。

特别是 A 级硬质熟石膏——"High Stone K"，最适合做精密的模型（原型）之用。

A 级硬质熟石膏 "High Stone K"

2.4　石膏模型制作工具

制作石膏模型的工具中，有溶石膏的容器、金属锯片、刀子、凿子、勺子、增强石膏用的麻纤维、金属制直角尺、脱模剂（肥皂）等，可以说多种多样。

1. 石膏用芯材

这是制作石膏脱模模具时为增加石膏强度而加入的麻纤维。

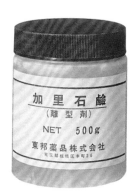

2. 加里皂（脱模剂）

这是一种石膏脱模用肥皂。这种肥皂的成分与石膏具有的石灰质成分发生反应后，形成脱膜层，一般用数倍的温水或凉水稀释，充分溶解后使用。在黏土等制作的原型上（即要取雄模时，在雌模的内侧）用刷子或笔等工具涂上溶解好的脱模剂，不能只涂一次，要涂刷 2~3 次，形成薄膜层之后，就可以制作很好的雌模。

3. 黄铜制直角尺

主要用于检查造型物等是否成完全的直角。这种直角尺两面的外侧和内侧都有刻度，检查是否直角很有用。

4. 其他处理石膏模的工具

其他处理石膏模的工具，有陶工用的抹子、刀子、刮刀、毛刷、勺、叉子、金属网笼、调石膏容器等。

石膏模型（浴缸）制作过程

（a）用凿子和金属锯片等切削、雕刻石膏形状。

（b）用从粗到细的砂纸打磨细部、表面。

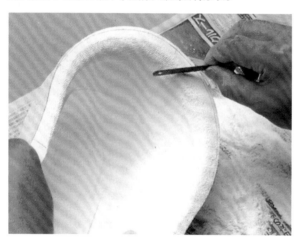

（c）石膏制作的浴缸模型加工完成。这是按1:5比例缩小的模型。

（d）将完成的浴缸模型按照实际使用的状态。进行安装/设计和制作：田野雅三。

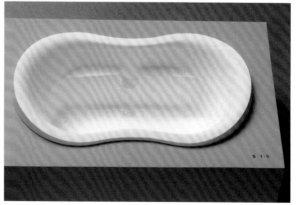

2.5 发泡塑料

用发泡塑料制作模型时，不需要特别的设备和机械，用身边的小刀、锉刀和砂纸等就可以制作。因此，在工业设计进程的初期和中期阶段，设计师展开和确认自己的构思时，这种发泡塑料可以说是最合适的材料。

这里介绍两种现在在工业设计领域最广泛使用的发泡塑料。

1. 聚苯乙烯泡沫塑料 F Ⅱ

这是细孔浅蓝色的发泡塑料，耐压缩性强，遇水也不变化。

2. 聚苯乙烯泡沫塑料 Ⅲ

这是极细孔浅象牙色发泡塑料，轻量而加工性能优良。

大小：600mm×900mm；厚度：20~100mm。

大小：600mm×900mm；厚度：100mm。

2.6 发泡塑料模型制作工具

如上所述，发泡塑料除电热切割器以外，用身边的小刀和砂纸等极其简单的工具就可以轻松地加工，大体的形态很快能出来。这里介绍一些常用的加工用具。

1. 电热切割器

这是利用电热专门切割发泡塑料的热切割器。可以切成仅 0.2mm 的薄片，如果使用平行切割导向装置的话，也可以按一定的宽度进行切割。此外，若使用角度调整导向装置的话，可从 25° 到 90° 按喜欢的角度进行切割。因电源开关为脚踏式，因此，两手可以自由自在进行细致的加工。加工台是光滑的合成塑料，在桌面上移动材料十分轻松。电热温度调节有高温和低温两个档次，故可根据切割材料的厚度和硬度调整使用。

机身尺寸：400mm（长）×300mm（宽）×250mm（高）。

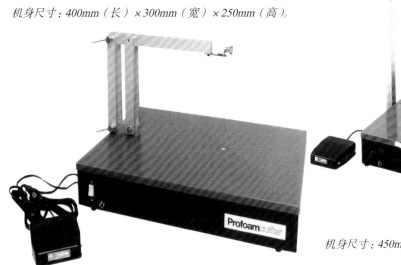

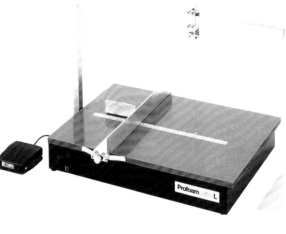

机身尺寸：450mm（长）×300mm（宽）×357mm（高）。

2. 其他发泡塑料加工用具

发泡塑料加工用具中除热切割器外，不需要特殊的用具。用锉刀、砂纸、美工刀、钢尺、剪刀、卡尺、直角尺、双面胶、量角器等极为普通的用具就能进行。

3. 黏合剂（透明）

这是醋酸维尼龙溶剂型黏合剂，可用于完全溶于有机溶剂的发泡塑料产品之间的黏合，也可以将苯乙烯产品和纸、木材、布等黏合。

发泡材模型（飞行物制作实例）

（a）将模型纸贴在发泡塑料上。

（b）用电热切割器沿着模型纸切割发泡塑料。

（c）将切割好的发泡塑料黏合，用锉刀进行粗加工。

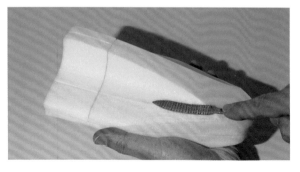

（d）将砂纸贴在有弧度的木片上进行表面加工。

2.7　发泡塑料薄板

　　这是在发泡塑料板正反两面贴上纯白纸的薄板状发泡板。非常轻而富于加工性，用美工刀等就能简单切割，贴在发泡板两面的纸，用美工刀也很容易剥离。这种发泡板的表面可以进行喷涂和用刷子涂装。

　　因为是薄板状的材料，很难制作立体曲面，但如果使用像其他发泡塑料那样的辅助材料，某种程度上能进行三维的曲面加工。

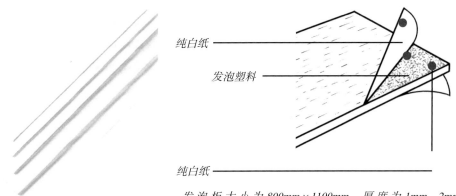

纯白纸

发泡塑料

纯白纸

发泡板大小为 800mm×1100mm，厚度为 1mm、2mm、3mm、5mm 和 7mm。

2.8　发泡塑料薄板模型制作工具

　　如上所述，因加工方法简单，故不需要特殊的工具，一般使用普通的美工刀、锉刀、剪刀、砂纸、双面胶带、圆规、木胶等就可以加工。

制作发泡塑料薄板模型用的
部分工具。

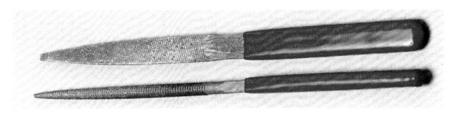

用发泡塑料板制作模型现场

（a）用美工刀切割发泡塑料薄板。 （b）用铅笔或圆珠笔在发泡塑料薄板上作圆角，沿着切割线切割。

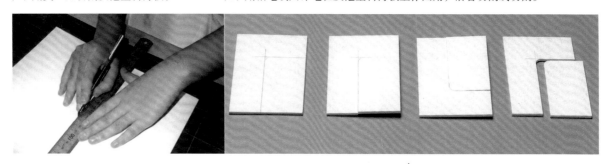

2.9 各种工具的操作实例

前几节就立体造型（模型）中使用的黏土、石膏、发泡塑料、模型发泡塑料板等材料及其制作时使用的工具作了图示说明。下面图示介绍利用各种工具制作模型的实例。

1. 多功能屋顶（半球形屋顶的室内运动场）的黏土模型

设计多功能半球形屋顶的室内运动场，并以此为基础制作黏土模型。设计：清水吉治；模型：松田真次。

（a）作为制作模型基础的多功能圆屋顶室内运动场设计效果图。

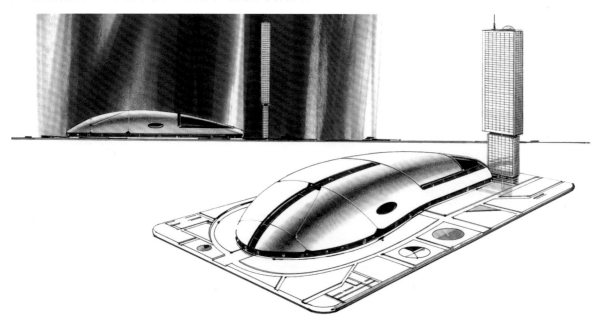

（b）以设计图为基础制作黏土模型的芯材（木材或发泡塑料等）。

（c）芯材要比最终完成的黏土模型小2圈左右。

（d）完成后的模型芯材。

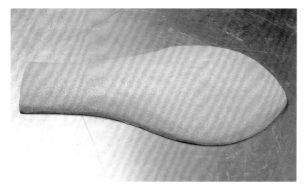

（e）在完成的模型芯材上涂堆黏土。

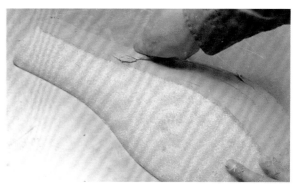

（f）将黏土涂布均匀，并将其中的空气排出。

（g）底面也要认真地涂布。

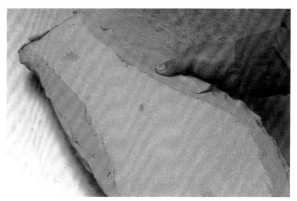

（h）将黏土大体涂布完成后的状态。

（i）使用锯齿形刮刀沿着表面进行切削。

（j）进行球面部分的加工。

使用精细加工的刮刀，沿着曲面薄薄地进行刮削，直至表面平滑。

（k）用加工润饰刮刀将模型表面加工平滑之后，再用橡胶　（l）最后使用手和手指进行模型的表面光滑处理。
刮刀进一步润饰表面。

（m）对屋顶等部位，在黏土上直接用亚光黑色进行涂装处理。

（n）黏土制作的多功能半球形屋顶的室内运动场模型完成。

2. 汽车的黏土模型

汽车模型一般使用化学合成黏土（工业设计黏土）来制作。现在世界上汽车设计师最喜欢使用的模型材料就是这种工业设计黏土。

模型制作过程的资料提供（株式会社）：TOOLS INTERNATIONAL。

（a）将工业设计黏土用加热器加热，使其柔软。

（b）加热后变得柔软的工业设计黏土。

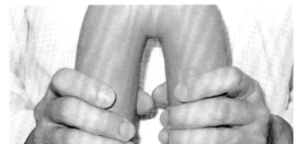

（c）将工业设计黏土涂布在模芯上。

（d）使用刮刀、橡胶刮刀和手指将模型表面加工光滑。

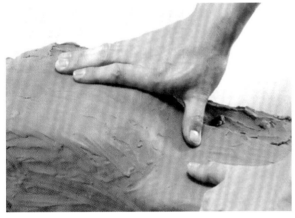

（e）使用小的刮刀等对细部进行加工，黏土车模完成。

（f）在完成的黏土模型上粘贴喜欢的薄膜来表现汽车的真实感。

3. 水壶的石膏模型

先设计水壶图纸，然后以设计图为基础制作石膏模型。

设计和模型：田野雅三。

（a）作为石膏模型基础的水壶的构思草图和模型制作图。

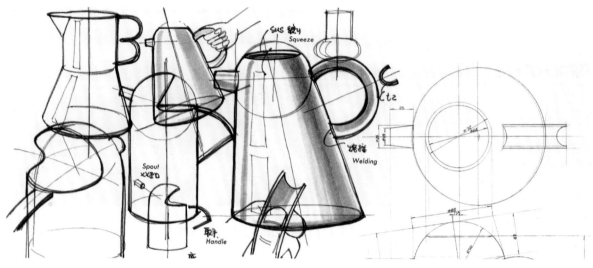

（b）用塑料板（厚度0.5mm）围成比石膏模型稍大一点的圆筒形，固定在辘轳车上。

（c）调制石膏。将所需的石膏粉和等量的水倒入容器里。为了防止气泡产生，将A级熟石膏通过金属网慢慢地倒入容器里。

（d）将调好的石膏液注入辘轳车上的圆筒内。

（e）当注入的石膏开始发热固化后，将外围的塑料板圆筒取走。

（f）在石膏硬化前进行圆柱的大体切削。

（g）边确认形状，边切削大的曲面，然后用砂纸轻轻打磨。

（h）按照设计图纸尺寸，用锯锯断。

（i）将另外加工好的壶嘴和把手用黏合剂固定在壶体上。

（j）最后完成的水壶石膏模型。

4. 发泡塑料制作的台灯模型

先进行台灯的设计，然后以此为基础制作发泡塑料模型。

设计和模型：田野雅三。

（a）作为台灯模型基础的构思草图和模型制作图。

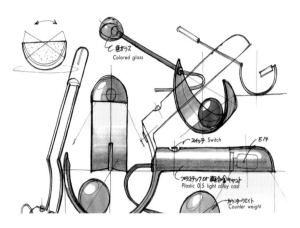
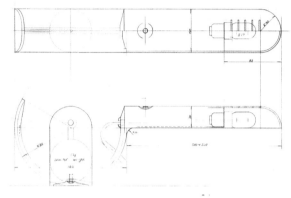

（b）用白板纸制作切断发泡材料的型纸。

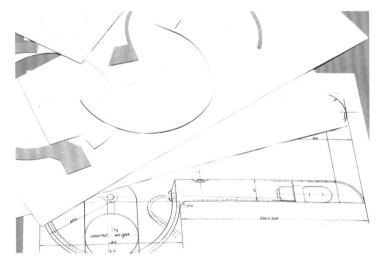

（c）用双面胶将型纸固定在发泡材料上，用电切割机切割。

（d）用固定为曲面的砂纸加工球体。

（e）将型纸固定在各个发泡部件上，然后用砂纸不断磨削。

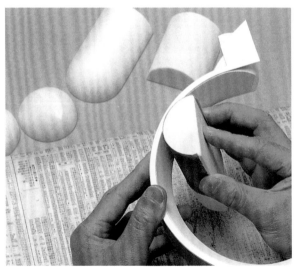

（f）在球体内侧放入铅（成为锤），然后黏合。

（g）用砂纸将各个部件加工好。

（h）在发泡塑料模型表面涂上涂料，将
发泡细孔涂没。

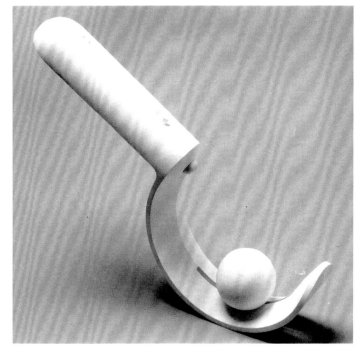

（i）加上球体重锤，白底的模型完成。

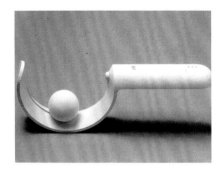

（j）改变重锤的位置，进行台灯角度变化的研究。

（k）加上色彩的研究，进一步插上光源，观察台灯的照明效果。

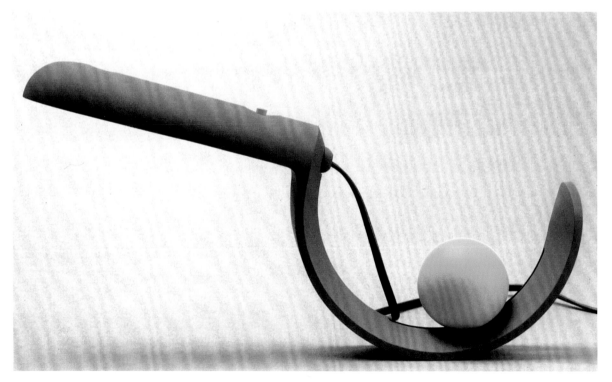

（1）发泡塑料台灯模型完成。

5. 发泡塑料板和板纸制作的椅子模型

以椅子的设计稿为基础，用发泡塑料板和板纸制作模型。

设计和模型制作：田野雅三（比例1:5）。

（a）作为模型制作基础的椅子设计构思草图和模型制作图。

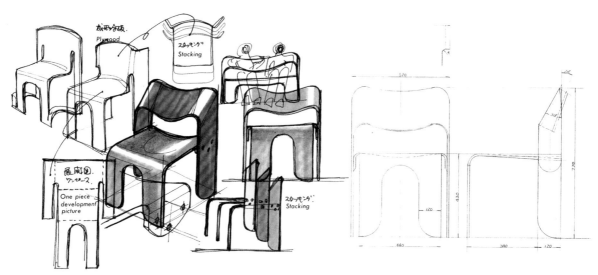

（b）用发泡塑料截取椅子座面和前腿、靠背、后腿的外形，制作椅面和后背的曲面。

（c）在发泡塑料材的椅座和背部曲面上，用描图纸描出形状。

（d）将描好的形状移到平面上，制作展开图，并考虑板的厚度。

（e）将展开图复制到稍厚的型纸上。

（f）在3mm厚的发泡塑料板上放上展开图的型纸，画出外形线和弯曲位置。

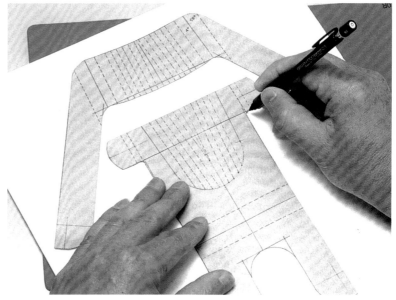

（g）用美工刀切割发泡塑料板。

（h）将切好的发泡塑料板的椅座、背部覆在发泡塑料型材上制作椅背的曲面。

（i）在固定好的发泡塑料板椅座和背部的表面及内侧贴上双面胶。

（j）参考展开图型纸，各剪切两张比展开型纸稍大的薄的高级纸。

（k）内曲面角度小的地方用黏合剂增强，以防反弹回去。

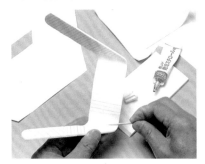

（l）椅座和背部内侧也贴上薄型的高档纸。

（m）用美工刀裁切薄型高档纸的多余部分。

（n）椅座和背部表面贴上薄的高档纸，并将多余部分裁掉。

（o）对发泡塑料板和高档纸的边缘部分，用砂纸轻轻加工。

（p）安装加工好的椅座和椅背部分。
备注：同款模型制作两套。

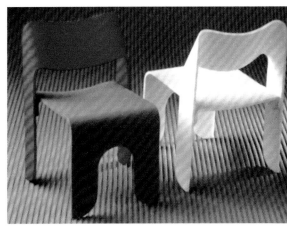

（q）着色（用广告色或水粉色）。尝试使用传统木纹以外的色彩。

（r）将两张椅子叠放。

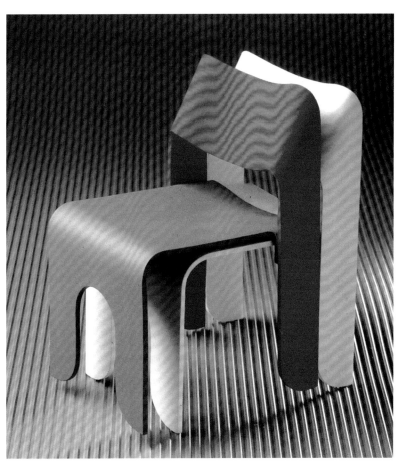

第3章

平面造型的工具

在工业设计的构思阶段，用草图和设计图来表现设计意图，送给有关人员审阅，让他们理解其设计方案和规划方案等是极为重要的。同时，作为工业设计师确认和展开自己构思的手段，草图和设计图表现也是不可缺少的设计作业之一。通常这些平面造型作业（草图及图纸设计图）在工业设计的产品规划阶段、概念设计阶段到产品设计展开的初期阶段、后期阶段，以至产品设计的研究和集约阶段、决定阶段等各个阶段都需要进行。在设计过程的不同阶段，草图和设计图的表现内容、表现速度及表现的完成度等都不尽相同。

1. 构思草图

在工业设计的规划阶段，为设计规划的立案及其展开与确认所描绘的概念草图、记录构思过程的记录草图和简洁的设计草图等。所有这些草图都必须具备向第三者传达的功能，因此，这类草图通常进行简洁、省略的表现。描绘这类草图的工具为身边的复印纸、速写本、方格纸、圆珠笔、水性和油性笔、铅笔、马克笔等，设计师可以根据表现形式选择合适的用具。

2. 概略草图·效果图

这是从工业设计过程的设计探讨、集约阶段到设计最终决定阶段所描绘的概略草图、效果图和展示草图等。为了使他人充分理解设计意图，必须用谁看了都能对其构造、形态、材质和色彩等充分了解的水准来表现。为了完成高水平的草图，使用的工具种类也很多，主要有插图纸、高档纸、彩色纸、描图纸、马克笔、颜料、色粉笔、铅笔、喷绘工具、圆规和直尺等。

下面就这两种草图作业使用的主要工具及其实例进行简单介绍。

3.1 纸

工业设计领域最常用的纸类有以下几种。

1. 描图纸

这种纸半透明，表面进行亚光处理以防止反射。由于铅笔和墨水涂写时效果好，因此成为制图用纸和草图用纸的主流。

· 厚质描图纸

这种厚质透明亚光的描图纸 50 张订成一本。其透明度好，无论是普通铅笔和色铅笔，还是色粉笔、墨水笔以及油性马克笔等都能很好描绘，不会渗透到纸背面。纸的大小有 A2（4 开）、A3（8 开）、A4（16 开）等规格。这种纸除被广泛应用于版面设计、草图、制图、文字设计、摹写外，还用于印刷照相制版的原稿、摄影和插图的封面等。

· 薄型描图纸

这种描图纸与厚型描图纸相比，只是薄一点，规格完全相同。

· 卷筒型描图纸

这种透明亚光的描图纸 20m 一卷包装，分为两种，分别是厚质和薄型描图纸，尺寸均为 841mm×20m 和 420mm×20m。

厚质描图纸（50 张一本）

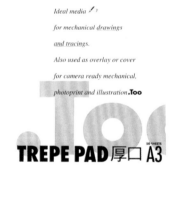

薄型描图纸（50 张一本）

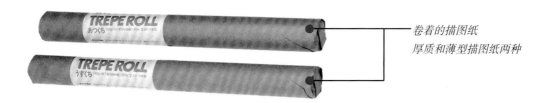

卷着的描图纸
厚质和薄型描图纸两种

描图纸的应用实例

下图为绘制小轿车效果图所作的底稿（外形研讨用图）。在 A3 大小厚质描图纸上用
彩色铅笔、圆珠笔和记号笔描绘。

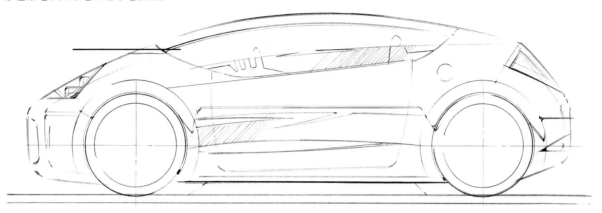

2. VR 纸

呈半透明，纸面进行亚光处理，描图纸类似。

VR（信笺）（30 张一本）

这种纸的特点为：质厚、透明度和强度好、无伸缩。使用油性马克笔、色粉笔等工具绘制时性
能好、用笔流畅。VR 纸还具有独特的性能：在它背面描绘时，从正面看有微妙的层次表现效果。
这种纸具有不浸透性。因此，利用松节油、信纳水（稀释剂）、酒精可以自由表现各种特殊效果。

厚质 VR 纸的应用实例

这是在 B3 大小的厚质 VR 纸上描绘的"动的物体"的效果图。
使用马克笔和色粉等，在厚质 VR 纸的正、反面描绘来表现
平滑、光洁的车体面和车窗等。

3. 插图纸

插图纸的种类很多，这里介绍一些工业设计领域使用频率高的插图用纸。

PM PAD White（A3 规格）

这是为马克笔、色粉笔使用开发的纸，纸质的粗细、硬度和厚度都适用。同时具备使用方便的透过性。此外，因不渗透纸背，马克笔、色粉笔、彩色铅笔、墨水等很适用。这种纸是按照复印机装纸盒的规格尺寸裁切的（420mm×297mm，50 张一包）。

PM PAD White

这是为马克笔和色粉笔使用而开发的纸张，50 张一包。纸质的粗细、硬度和厚度良好，并有透过性，使用较为方便。切割的规格尺寸较大，大小有：B2、B3、B4、B5、A2、A3、A4 和卷筒型（1100mm×20m）等。

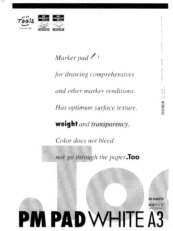

COPIC 马克笔用纸

这是专门为使用 COPIC 酒精马克笔而开发的纸。这种纸厚度适中，有一定渗透性，但不渗透到纸背。50 张一包，有 A3 和 A4 两种尺寸。

PM PAD 纸的应用图例

这是在 A3 大小的 PM PAD 纸上描绘的数码幻灯投影仪的草图。使用马克笔和色粉笔等描绘表现。此外，液晶显示屏上贴着猫的图片。

马克笔纸（A3 规格）

这是马克笔草图练习专用纸。颜色自然的白色专用纸吸墨较少，有适度的透过性，是一种光滑、书写感佳的优质纸。此外，考虑到马克笔反复重叠描绘会透过纸面，因此专门附有一张白卡纸垫在下面。50 张一本，尺寸为 420mm×297mm。

普通的复印纸（复印机用的纸）

复印纸本来不是插图用纸，但由于价格便宜又容易找到，故常作为构思草图和概略草图用纸。这种纸的缺点是很容易透过。但由于马克笔渗透后能表现水墨画般的效果，因此，用复印纸的设计师也不少。

4. 草图本（速写本）

这种草图本种类很多，这里介绍工业设计师最常用的三种。

TOO 速写本（草图本）

纯白纸张，铅笔和色粉等描绘效果好。不但速写效果好，而且描绘小的草图也很方便。有 B3（60 张一本）、B4（70 张一本）、B5（70 张一本）和 A4（70 张一本）规格。

TOO 方格（坐标）草图本

在和速写本同样透明度的纸上，印上方格的草图本。不但可以描绘草图，小的构思草图也可描绘。有 B4（70 张一本）、B5（70 张一本）、A3（60 张一本）和 A4（70 张一本）规格。

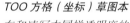

速写本（新 A 画本）

是纯白色、具有中等纸质肌理、富于柔软性的画纸。铅笔画、水彩画、水墨画、圆珠笔画和色粉画等都适用。

规格有 SM（20 张一本）、F3（20 张一本）、F4（20 张一本）、F6（20 张一本）、F8（20 张一本）、F10（20 张一本）、B3（20 张一本）和 B4（20 张一本）。

5. 方格坐标纸

这是以 1mm 方格印刷的方格纸，适用于表现需要制图和尺寸表示的实大尺寸草图。

方格（坐标纸）（普通型）
在比较光滑的白纸上印有浅蓝色 1mm 方格的方格纸。
尺寸有 A4、A3、A2、A1、B5、B4、B3、B2、B1 等。

方格纸的应用实例
由于需要研究尺寸，使用方格纸（A4 大小）、用马克笔和色粉笔描绘的原大尺寸的便携式终端机。

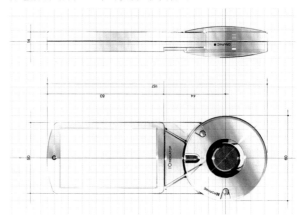

6. 色纸

彩色纸的种类也很多，这里介绍工业设计师使用频率高的色纸。

CANSON 色纸
这种纸质地结实，表面有一定粗糙度，广告色、水彩颜料、色粉、马克笔、彩色铅笔等描绘效果好，色彩较丰富（共 51 种颜色）。在设计、建筑及其他相关领域被广泛使用。

CANSON 色纸的应用实例
因这种纸表面粗糙，与皮革质地类似，因此宜表现鞋子的质感。该作品使用马克、色粉和彩色铅笔描绘。

3.2　马克笔

马克笔的种类比较多，这里介绍工业设计领域使用频率最高的酒精溶剂的马克笔和油性溶剂的马克笔。

1. 酒精溶剂系列马克笔

使用对人体无害的酒精溶剂的马克笔，现在已成为主流。

COPIC 马克笔（共 214 色）

使用酒精溶剂的马克笔，具有不溶解复印机墨粉的特点。色彩丰富，计 214 种颜色，具有速干性。笔尖采用描绘爽滑、耐久性好的塑料制作而成。本产品系列获日本 G 标志设计奖。

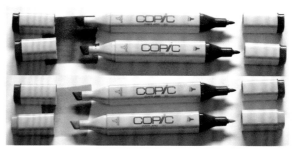

COPIC 专用的替换笔尖（芯），有粗线用 5 种、细线用 4 种，可以进行各种各样的表现。

■ 基础色（12 色一套）

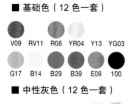

V09　RV11　R08　YR04　Y13　YG03
G17　B14　B29　B39　E09　100

■ 冷灰色（12 色一套）

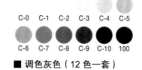

C-0　C-1　C-2　C-3　C-4　C-5
C-6　C-7　C-8　C-9　C-10　100

■ 暖灰色（12 色一套）

W-0　W-1　W-2　W-3　W-4　W-5
W-6　W-7　W-8　W-9　W-10　0

■ 中性灰色（12 色一套）

N-0　N-1　N-2　N-3　N-4　N-5
N-6　N-7　N-8　N-9　N-10　110

■ 调色灰色（12 色一套）

T-0　T-1　T-2　T-3　T-4　T-5
T-6　T-7　T-8　T-9　T-10　0

■ 36 色一套

V09　RV11　RV29　R02　R08　YR04　YR24　Y11　Y13　Y15　YG03　G07　G17　G21　G28　B05　B06　B14
B29　B32　B39　E09　E29　E33　C-1　C-3　C-5　C-7　C-9　W-1　W-3　W-5　W-7　W-9　100　110

■ 72 色（A）一套

BV08　V06　V09　RV04　RV09　RV11　RV17　RV19　RV29　R02
R08　R27　R32　R37　YR00　YR04　YR07　YR09　YR14　YR18
YR23　YR24　Y06　Y11　Y13　Y15　Y21　Y26　YG03　YG13
TG23　YG91　YG95　YG97　YG99　G07　G17　G21　G28　G99
BG09　BG10　BG15　BG18　B05　B06　B14　B23　B26　B29
B32　B34　B37　B39　E09　E29　E33　E37　E44　C-1

■ 72 色（C）一套

BV04　BV23　BV31　V12　V15　V17　RV02　RV10　RV13　RV21
RV25　RV32　RV34　R00　R05　R11　R24　R39　R59　YR02
YR16　YR21　Y08　Y19　Y23　Y38　YG05　YG07　YG09　YG11
YG21　YG25　YG41　YG45　YG63　YG67　G05　G09　G12
G14　G19　G20　G24　G40　G82　G85　BG11　BG32　BG34
BG45　BG49　B12　B16　B18　B21　B24　B41　B45　E00

注：因本书为油墨印刷，故色系表颜色与实际有差异，请予理解。

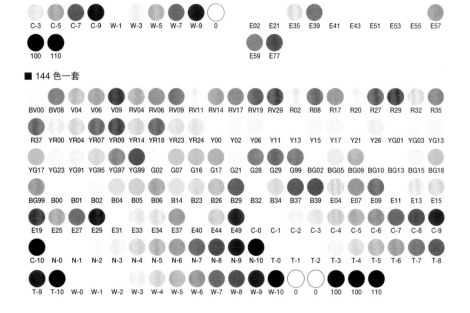

| C-3 | C-5 | C-7 | C-9 | W-1 | W-3 | W-5 | W-7 | W-9 | 0 | | E02 | E21 | E35 | E39 | E41 | E43 | E51 | E53 | E55 | E57 |

| 100 | 110 | | | | | | | | | | | E59 | E77 |

■ 144 色一套

| BV00 | BV08 | V04 | V06 | V09 | RV04 | RV06 | RV09 | RV11 | RV14 | RV17 | RV19 | RV29 | R02 | R08 | R17 | R20 | R27 | R29 | R32 | R35 |
| YG17 | YG23 | YG91 | YG95 | YG97 | YG99 | G02 | G07 | G16 | G17 | G21 | G28 | G29 | G99 | BG02 | BG05 | BG09 | BG10 | BG13 | BG15 | BG18 |

R37 YR00 YR04 YR07 YR09 YR14 YR18 YR23 YR24 Y00 Y02 Y06 Y11 Y13 Y15 Y17 Y21 Y26 YG01 YG03 YG13

BG99 B00 B01 B02 B04 B05 B06 B14 B23 B26 B29 B32 B34 B37 B39 E04 E07 E09 E11 E13 E15

E19 E25 E27 E29 E31 E33 E34 E37 E40 E44 E49 C-0 C-1 C-2 C-3 C-4 C-5 C-6 C-7 C-8 C-9

C-10 N-0 N-1 N-2 N-3 N-4 N-5 N-6 N-7 N-8 N-9 N-10 T-0 T-1 T-2 T-3 T-4 T-5 T-6 T-7 T-8

T-9 T-10 W-0 W-1 W-2 W-3 W-4 W-5 W-6 W-7 W-8 W-9 W-10 0 0 100 100 110

COPIC 马克笔的应用实例

使用 COPIC 马克笔，在 A3 大小的 PM PAD 纸上描绘的文具盒的草图。
背景和文具盒盒面用黄色系和红色系 COPIC 马克笔描绘，以谋求草图的省略。

COPIC 草图马克笔（共 346 色）

这套马克笔的笔尖制成毛笔状，可像毛笔一样使用是其特长。这是速干的酒精溶剂马克笔，色彩丰富，有 346 种色彩。不但在设计、建筑领域使用，在戏剧和漫画等领域也被广泛采用，是人气很高的马克笔。

◆ 获日本 G 标志奖

● 12 色一套

| V09 | RV11 | R08 | YR04 | Y13 | YG03 | G17 | B14 | B29 | B39 | E09 | 100 |

● 12 色一套（EX-1）

| V000 | RV000 | RV69 | RV91 | RV95 | RV99 | R81 | R85 | R89 | Y000 | G000 | BG000 |

● 12 色一套（EX-2）

| V93 | RV93 | R83 | YR15 | YR82 | Y18 | BG72 | BG75 | BG78 | B69 | E17 | E18 |

● 12 色一套（EX-3）

| BV01 | RV00 | R01 | R21 | YR01 | YR12 | G03 | B66 | E0000 | E30 | E42 | E70 |

● 12 色一套（EX-4）

| BV0000 | V0000 | RV0000 | R0000 | YR0000 | Y0000 | YG0000 | G0000 | BG0000 | B0000 | C-00 | W-00 |

● 12 色一套（EX-5）

| V20 | V25 | RV55 | RV63 | RV66 | YR30 | YG61 | BG53 | BG70 | E23 | E81 | E87 |

● 12 色一套（CG，冷灰色系）

| C-00 | C-0 | C-1 | C-2 | C-3 | C-4 | C-5 | C-6 | C-7 | C-8 | C-9 | C-10 |

● 12 色一套（WG，暖灰色系）

| W-00 | W-0 | W-1 | W-2 | W-3 | W-4 | W-5 | W-6 | W-7 | W-8 | W-9 | W-10 |

● 24 色一套

| BV02 | V17 | RV11 | RV25 | R00 | R27 | R39 | YR04 | Y00 | Y35 | G07 | B00 |
| B24 | E000 | E01 | E17 | E21 | E33 | E47 | E51 | C-1 | W-2 | 0 | 100 |

● 36 色一套

V09	RV11	RV29	R02	R08	YR04	YR24	Y11	Y13	Y15	YG03	G07
G17	G21	G28	B05	B06	B14	B29	B32	B39	E09	E29	E33
C-1	C-3	C-5	C-7	C-9	W-1	W-3	W-5	W-7	W-9	100	110

● 72 色一套（A）

BV08	V04	V06	V09	RV04	RV09	RV11	RV19	RV29	R02	R08	R27
R32	R37	YR00	YR04	YR07	YR09	YR14	YR23	YR24	Y02	Y06	Y11
Y13	Y15	Y21	Y26	YG03	YG13	YG91	YG95	G07	G16	G17	G21
G28	G99	BG09	BG10	BG15	BG18	B01	B05	B06	B14	B23	B26
B29	B32	B34	B37	B39	E09	E15	E29	E33	E37	E44	E49
C-1	C-3	C-5	C-7	C-9	W-1	W-3	W-5	W-7	W-9	100	110

● 72 色一套（B）

BV00	BV04	BV23	BV31	V12	V15	V17	RV06	RV21	RV34	R20	R24
R29	R39	R59	YR02	Y00	Y08	Y17	YG07	YG11	YG17	YG41	YG67
G00	G02	G05	G12	G14	G29	G85	BG02	BG11	BG13	BG32	BG45
BG49	B00	B02	B12	B18	B21	B24	B41	B45	E00	E02	E04
E07	E11	E13	E21	E31	E35	E39	E40	E41	E43	E51	E57
C-0	C-2	C-4	C-6	C-8	C-10	N-1	N-3	N-5	N-7	N-9	0

● 72 色一套（C）

RV02	RV10	RV13	RV14	RV17	RV25	RV32	R00	R05	R11	R17	R35
YR16	YR18	YR21	Y19	Y23	Y38	YG01	YG05	YG09	YG21	YG23	YG25
YG45	YG63	YG97	YG99	G09	G19	G20	G24	G40	G82	BG05	BG34
BG99	B04	B16	E00	E19	E25	E27	E34	E53	E55	E59	E77
N-0	N-2	N-4	N-6	N-8	N-10	T-0	T-1	T-2	T-3	T-4	T-5
T-6	T-7	T-8	T-9	T-10	W-0	W-2	W-4	W-6	W-8	W-10	100

● 72 色一套（D）

BV000	BV02	BV11	BV13	BV17	BV20	BV25	BV29	V01	V05	V91	V95
V99	RV23	RV42	R000	R12	R14	R22	R30	R43	R46	YR000	YR20
YR31	YR61	YR65	YR68	Y04	Y28	Y32	Y35	YG00	YG06	YG93	G94
BG01	BG07	BG23	BG93	BG96	B000	B28	B52	B60	B63	B79	B91
B93	B95	B97	B99	E000	E01	E08	E47	E50	E71	E74	E79
E93	E95	E97	E99	FRV1	FYR1	FY1	FYG1	FV2	FYG2	FBG2	FB2

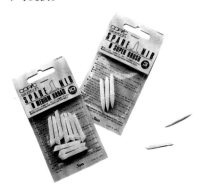

COPIC 专用替换笔尖（芯），可用小钳子等更换。

注：因本书为油墨印刷，故色系表颜色与实际有差异，请予理解。

039

● **144 色一套**

BV00	BV04	BV08	BV23	BV31	V04	V06	V09	V12	V15	V17	RV04
RV06	RV09	RV11	RV19	RV21	RV29	RV34	R02	R08	R20	R24	R27
R29	R32	R37	R39	R59	YR00	YR02	YR04	YR07	YR09	YR14	YR23
YR24	Y00	Y02	Y06	Y08	Y11	Y13	Y15	Y17	Y21	Y26	YG03
YG07	YG11	YG13	YG17	YG41	YG67	YG91	YG95	G00	G02	G05	G07
G12	G14	G16	G17	G21	G28	G29	G85	G99	BG02	BG09	BG10
BG11	BG13	BG15	BG18	BG32	BG45	BG49	B00	B01	B02	B05	B06
B12	B14	B18	B21	B23	B24	B26	B29	B32	B34	B37	B39
B41	B45	E00	E02	E04	E07	E09	E11	E13	E15	E21	E29
E31	E33	E35	E37	E39	E40	E41	E43	E44	E49	E51	E57
C-0	C-1	C-2	C-3	C-4	C-5	C-6	C-7	C-8	C-9	C-10	N-1
N-3	N-5	N-7	N-9	W-1	W-3	W-5	W-7	W-9	0	100	110

COPIC Ciao 细笔芯马克笔（共 180 色）

这是供初次购买 COPIC 产品的消费者使用的、价格便宜的马克笔。描绘感觉和色彩的品质与 COPIC 草图马克笔相同。

● **12 色一套**

BV08	V09	RV04	R29	YR07	Y06	YG06	G17	BG09	B29	E29	100

● **24 色一套**

BV00	BV02	RV02	R20	R29	YR02	YR07	Y00	Y08	YG03	YG06	G00
G05	BG09	BG23	B00	B24	B29	E00	E21	E29	E37	C-3	100

● **36 色一套（A）**

BV00	BV02	BV08	V04	V09	V12	RV02	RV04	RV10	R20	R29	R32
YR02	YR07	YR20	Y00	Y06	Y17	YG03	YG06	YG11	G00	G05	G17
BG01	BG09	BG23	B00	B24	B29	E00	E21	E29	E37	C-3	100

● **36 色一套（B）**

BV04	V17	RV21	RV23	RV29	RV42	R02	R27	R59	YR00	YR04	Y02
Y08	YG41	YG67	G02	G21	G99	BG10	BG15	BG93	B05	B23	B32
B39	E02	E04	E08	E33	E35	E47	E51	C-1	C-5	C-7	0

● **36 色一套（C）**

BV13	BV23	BV31	V000	V06	RV000	RV06	RV13	R00	R05	R11	R22
YR16	YR23	YR31	YR61	Y11	Y15	Y21	YG00	YG23	YG63	G000	G07
G14	BG05	BG34	B02	B12	B60	B63	E11	E31	E50	E53	E71

● **36 色一套（D）**

BV17	BV29	V15	V91	V95	RV34	RV95	R17	R35	R37	R46	R85
YR68	Y28	Y38	YG91	YG95	G28	G85	G94	BG49	BG96	B45	B93
B95	B97	E43	E49	E57	E77	E93	E95	W-1	W-3	W-5	W-7

● **36 色一套（E）**

BV000	BV25	V01	V05	RV14	RV69	R000	R14	R81	YR000	YR15	Y000
Y35	YG09	YG17	G29	G82	BG000	BG13	BG72	B000	B18	B28	B99
E000	E15	E18	E25	E40	E41	E59	E79	C-0	C-2	W-0	W-2

● **72 色一套（A）**

BV00	BV02	BV04	BV08	V04	V09	V12	V17	RV02	RV04	RV10	RV21
RV23	RV29	RV42	R02	R20	R27	R29	R32	R59	YR00	YR02	YR04
YR07	YR20	Y00	Y02	Y08	Y17	YG03	YG06	YG11	YG41	YG67	
G00	G02	G05	G17	G21	G99	BG01	BG09	BG10	BG15	BG23	BG93
B00	B05	B23	B24	B29	B32	B39	E00	E02	E04	E08	E21
E29	E33	E35	E37	E47	E51	C-1	C-3	C-5	C-7	0	100

● **72 色一套（B）**

BV13	BV17	BV23	BV29	BV31	V000	V06	V15	V91	V95	RV000	RV06
RV13	RV34	RV95	R00	R05	R11	R17	R22	R35	R37	R46	R85
YR16	YR23	YR31	YR61	YR68	Y11	Y15	Y21	Y28	Y38	YG00	YG23
YG63	YG91	YG95	G000	G07	G14	G28	G85	G94	BG05	BG34	BG49
BG96	B02	B12	B45	B60	B63	B93	B95	B97	E11	E31	E43
E49	E50	E53	E57	E71	E77	E93	E95	W-1	W-3	W-5	W-7

注：因本书为油墨印刷，故色系表颜色与实际有差异，请予理解。

COPIC Wide 宽幅笔芯马克笔（共 36 色）

这是笔芯为 21mm 的宽幅型 COPIC 马克笔。
主要用于绘制产品草图和透视草图的背景。因笔芯宽，
大面积背景能快速涂完。

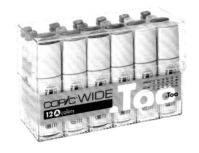

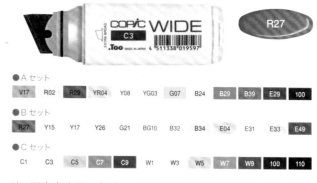

● A セット

| V17 | R02 | R29 | YR04 | Y08 | YG03 | G07 | B24 | B29 | B39 | E29 | 100 |

● B セット

| R27 | Y15 | Y17 | Y26 | G21 | BG10 | B32 | B34 | E04 | E31 | E33 | E49 |

● C セット

| C1 | C3 | C5 | C7 | C9 | W1 | W3 | W5 | W7 | W9 | 100 | 110 |

注：因本书为油墨印刷，故色系表颜色与实际有差异，请予理解。

COPIC 宽幅马克笔的应用实例

使用 COPIC 宽幅马克笔的红色和灰色系，通过斜方向的反复涂抹，来简洁表现背景。这是钓鱼竿原大尺寸设计草图。

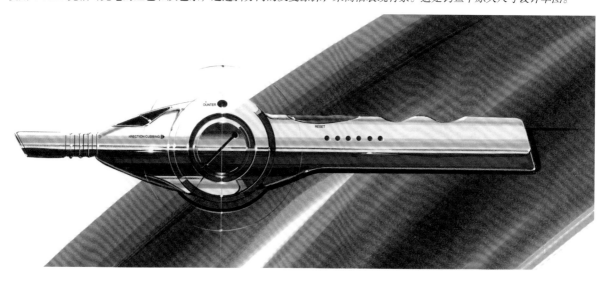

COPIC 马克笔补充墨水（共 346 色）

能被填充到所有 COPIC 马克笔的墨水。
既可直接填充到马克笔，也可以将其混合制作自己喜欢的
色彩。

COPIC 马克笔稀释液

这种稀释液主要用于稀释 COPIC 马克笔的
充填用墨水，也可用于擦拭弄脏的地方。

COPIC 气压喷枪

这是将 COPIC 马克笔、COPIC 草图马克笔安装好，只需喷吹就可以简单地表现喷涂效果的设备。最适合利用 COPIC 色彩的背景表现效果和晕染表现效果。

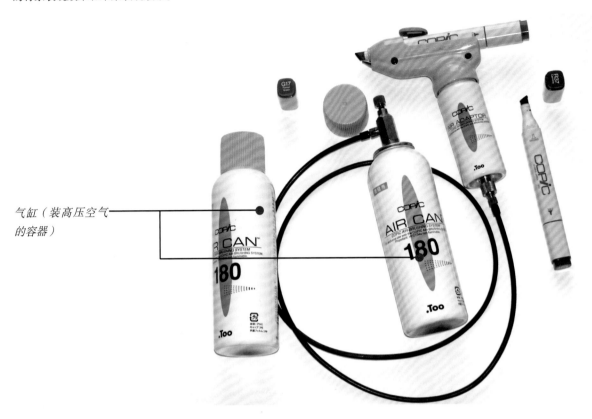

气缸（装高压空气
的容器）

COPIC 极细的线描笔

是使用没有渗透到 COPIC 马克里的耐水性
颜料墨水的极细的线描用笔。
线的宽度有 7 种，色彩也有 7 种。

COPIC 毛笔

这种笔的笔尖为毛笔型，细的部分可以加墨，
非常方便。
线的宽度有 7 种，色彩也有 7 种。

COPIC 钢笔

这是简易钢笔型的极细笔。主要替代在黑白
漫画原稿、插图和草图中使用的蘸笔，是一
种新型描绘用笔。

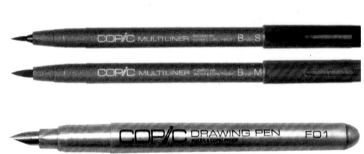

2. 油性溶剂马克笔

虽然使用酒精溶剂的马克笔已成为主流，但由于油性马克笔具有涂抹均匀的特点，因此仍在使用。

SPEEDRY 马克笔（共 151 色）

这是笔芯较宽的油性溶剂的马克笔。笔芯具有独特的形状，使用者可以充分利用笔芯的形状作各种各样的表现。

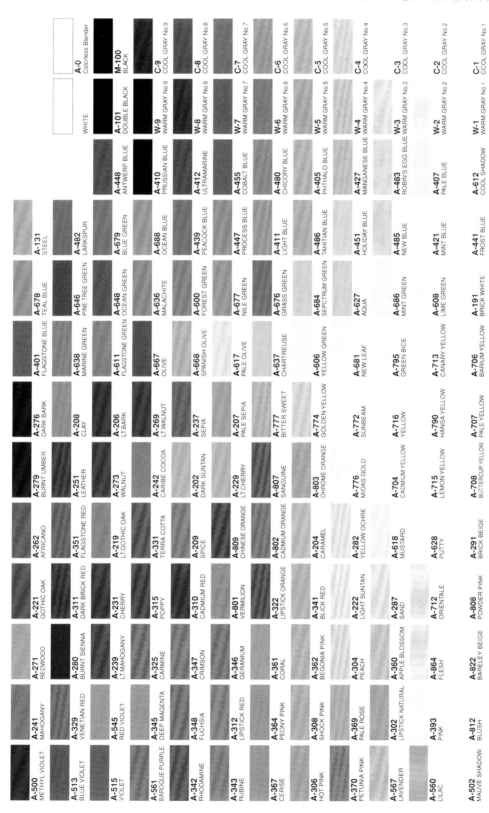

注：这些色表是用油墨印刷而成，与实际的马克笔色有差异，请予理解。

3.3　色粉笔

色粉笔的种类很多，这里仅列举工业设计领域最常用的产品。

新型色粉笔（PRISMACOLOR NUPASTBL）（共96色）

这种色粉色彩鲜明，粒子细，延展性好，能自由进行混色，是最高级的色粉笔。特别是可以进行中间色和微妙的浓淡色调的表现。

在工业设计领域中描绘草图时，这种色粉笔通常与马克笔一起使用。

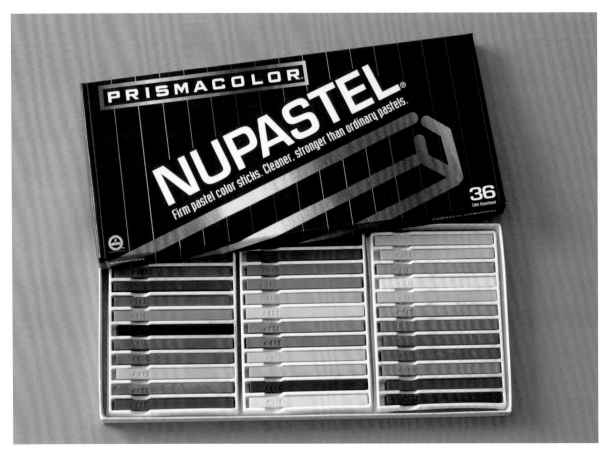

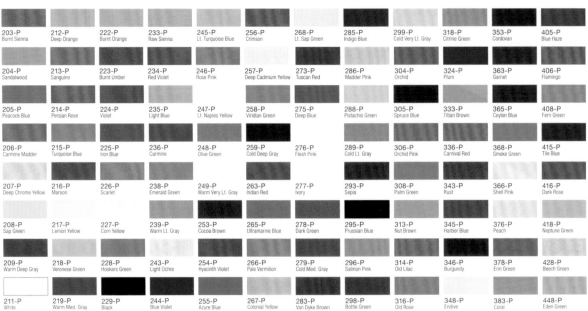

203-P Burnt Sienna	212-P Deep Orange	222-P Burnt Orange	233-P Raw Sienna	245-P Lt. Turquoise Blue	256-P Crimson	268-P Lt. Sap Green	285-P Indigo Blue	299-P Cold Very Lt. Gray	318-P Citrine Green	353-P Cordovan	405-P Blue Haze
204-P Sandalwood	213-P Sanguine	223-P Burnt Umber	234-P Red Violet	246-P Rose Pink	257-P Deep Cadmium Yellow	273-P Tuscan Red	286-P Madder Pink	304-P Orchid	324-P Plum	363-P Garnet	406-P Flamingo
205-P Peacock Blue	214-P Persian Rose	224-P Violet	235-P Light Blue	247-P Lt. Naples Yellow	258-P Viridian Green	275-P Deep Blue	288-P Pistachio Green	305-P Spruce Blue	333-P Titian Brown	365-P Ceylon Blue	408-P Fern Green
206-P Carmine Madder	215-P Turquoise Blue	225-P Iron Blue	236-P Carmine	248-P Olive Green	259-P Cold Deep Gray	276-P Flesh Pink	289-P Cold Lt. Gray	306-P Orchid Pink	336-P Carnival Red	368-P Smoke Green	415-P Tile Blue
207-P Deep Chrome Yellow	216-P Maroon	226-P Scarlet	238-P Emerald Green	249-P Warm Very Lt. Gray	263-P Indian Red	277-P Ivory	293-P Sepia	308-P Palm Green	343-P Rust	366-P Shell Pink	416-P Dark Rose
208-P Sap Green	217-P Lemon Yellow	227-P Corn Yellow	239-P Warm Lt. Gray	253-P Cocoa Brown	265-P Ultramarine Blue	278-P Dark Green	295-P Prussian Blue	313-P Nut Brown	345-P Harbor Blue	376-P Peach	418-P Neptune Green
209-P Warm Deep Gray	218-P Veronese Green	228-P Hookers Green	243-P Light Ochre	254-P Hyacinth Violet	266-P Pale Vermilion	279-P Cold Med. Gray	296-P Salmon Pink	314-P Old Lilac	346-P Burgundy	378-P Erin Green	428-P Beech Green
211-P White	219-P Warm Med. Gray	229-P Black	244-P Blue Violet	255-P Azure Blue	267-P Colonial Yellow	283-P Van Dyke Brown	298-P Bottle Green	316-P Old Rose	348-P Endive	383-P Coral	448-P Eden Green

注：此色表的色彩由油墨印刷，与实际的色粉笔颜色有差异，请予理解。

新型色粉笔的应用实例

右图是使用新型色粉笔描绘的太阳能汽车车体面部分、车
轮的电镀部分和轮子部分等，用粉状的色粉擦拭进行表现。

3.4　铅笔

铅笔的种类很多，大体分为两类：一类是彩色铅笔，另一类是通常使用的黑色铅芯的铅笔。

• 彩色铅笔

彩色铅笔的种类也比较多，这里介绍工业设计中最常用的彩色铅笔。

KARISMA COLOR 彩色铅笔（共 72 色）

这是显色鲜艳、耐光性和耐水性均优的最高品质的彩色铅笔，被用于所有的草图作业中。其笔芯粗、软，难以折断，油性
成分极少，因此可以自由地重复涂描和进行混色，也可以与马克笔和色粉笔并用。

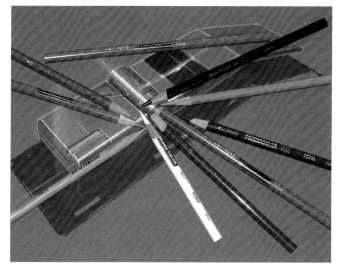

PC-901 Indigo Blue	PC-910 True Green	PC-916 Canary Yellow	PC-924 Crimson Red	PC-930 Magenta	PC-939 Peach	PC-947 Dark Umber	PC-989 Chartreuse	PC-1003 Spanish Orange	PC-1012 Jasmine	PC-1031 Henna	PC-1060 Cool Gray 20%
PC-902 Ultramarine	PC-911 Olive Green	PC-917 Sunburst Yellow	PC-925 Crimson Lake	PC-931 Dark Purple	PC-940 Sand	PC-948 Sepia	PC-992 Light Aqua	PC-1004 Yellow Chartreuse	PC-1014 Deco Pink	PC-1032 Pumpkin Orange	PC-1063 Cool Gray 50%
PC-903 True Blue	PC-912 Apple Green	PC-918 Orange	PC-926 Carmine Red	PC-932 Violet	PC-941 Light Umber	PC-949 Metallic Silver	PC-994 Process Red	PC-1005 Limepeel	PC-1021 Jade Green	PC-1033 Mineral Orange	PC-1065 Cool Gray 70%
PC-905 Aquamarine	PC-913 Spring Green	PC-919 Non-Photo Blue	PC-927 Light Peach	PC-933 Violet Blue	PC-942 Yellow Ochre	PC-950 Metallic Gold	PC-995 Mulberry	PC-1006 Parrot Green	PC-1023 Cloud Blue	PC-1051 Warm Gray 20%	PC-1069 French Gray 20%
PC-907 Peacock Green	PC-914 Cream	PC-921 Pale Vermilion	PC-928 Blush Pink	PC-935 Black	PC-944 Terra Cotta	PC-956 Lilac	PC-997 Beige	PC-1007 Imperial Violet	PC-1027 Peacock Blue	PC-1054 Warm Gray 50%	PC-1072 French Gray 50%
PC-908 Dark Green	PC-915 Lemon Yellow	PC-922 Poppy Red	PC-929 Pink	PC-938 White	PC-946 Dark Brown	PC-988 Marine Green	PC-1002 Yellowed Orange	PC-1008 Parma Violet	PC-1030 Raspberry	PC-1056 Warm Gray 70%	PC-1074 French Gray 70%

注：此色表是油墨印刷而成，与实际彩色铅笔的颜色有差异，请予理解。

三菱硬质彩色铅笔 770（共 12 色）
铅芯精密、硬而细，是能清晰描绘线条的彩色铅笔。

· 铅笔

众所周知，铅笔的种类很多。这里仅介绍与工业设计有关、使用频率高的铅笔。

MARS LUMOGRAPH 铅笔
这是最受制图、绘画、设计等专家信赖的铅笔。这种铅笔在纸上的定影性好，能画出均一的线，不易折断，磨耗也少，能平滑地表现。16 种硬度（从 8B 到 6H）。

三菱 Uni 铅笔
这是三菱铅笔在世界上广为周知的铅笔名品。以高品质的笔芯和流畅的书写感著称。17 种硬度（从 6B 到 9H）。

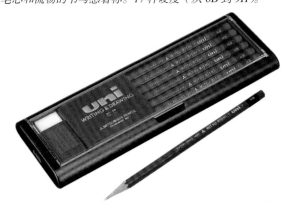

三菱 Hi-Uni 铅笔
具备从 10B 到 10H 这 22 种硬度的世界上硬度最齐全的铅笔。制作铅芯的石墨和黏土微粒非常均匀，因此颜色更黑，书写更漂亮。22 种硬度（从 10B 到 10H）。

EBONY 铅笔
这是能描绘具有金属性漆黑色、书写流畅的铅笔。最适于插图和草图。

电动卷笔机
这种电动卷笔机带有防止过度切削的功能，是卸下铅笔屑盒就停止动作的安全设计。

3.5　其他工具

除上述的纸类、马克笔、色粉笔和铅笔等用具外，工业设计领域使用的工具还有很多，这里仅就一部分代表性的用具作图解。

MARS 活动铅笔

因卓越的使用方便性和耐久性受到业界高度好评，是人气很高的制图用 2mm 笔芯的专用铅笔。

【替换笔芯】是高质量的黑色铅笔芯，附有防止转动和滑动的纵向细沟。

硬度有 4H、2H、H、HB、B、2B、4B。

三菱 Uni 活动铅笔

【替换笔芯】硬度有 4H、3H、2H、H、F、HB、B、2B、3B、4B。

笔芯研磨器 mars 502

旋转式、2mm 笔芯专用研磨器。

TOMOBOW 橡皮。

STAEDTLER 橡皮

这种橡皮得到很多专家对其性能和可靠性方面的高度评价。

STAEDTLER 制图用活动铅笔

这是紧贴定规 4mm 的长轴制图用活动铅笔。

【黑色轴】0.3mm、0.5mm、0.7mm、0.9mm。

【银色轴】0.3mm、0.5mm、0.7mm、0.9mm。

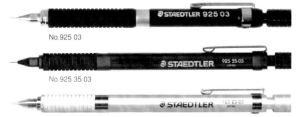

PENTEL 活动铅笔

这是公认的制图专用活动铅笔。是紧贴定规 4mm 的长轴制图专用活动铅笔。

铅芯从 0.3mm、0.4mm、0.5mm、0.7mm 到 0.9mm。

橡皮胶

用于擦色粉和铅笔等。白色的胶状物，不损伤纸面、能滑润地擦抹。

BIC 圆珠笔

法国最有名的圆珠笔。

【橙黄色笔杆】笔芯墨水的颜色有黑、红、蓝三种。
笔划粗细为 1.0mm。

【白色笔杆】根据线的粗细有粗笔芯和细笔芯两种，书写
流畅。

墨水颜色：粗笔芯有黑、红、蓝三色，细笔芯为黑、红两色。

RARKER 圆珠笔

草图线描时，使用粗笔芯较为方便。

PIGMA 水性笔（耐水性）

这种笔使用水性颜料，线的宽度有 10 种：0.05mm、0.1mm、
0.2mm、0.3mm、0.4mm、0.5mm、0.8mm、1.0mm、2.0mm、
3.0mm，色彩有黑、红、蓝、绿 4 种。

白圭笔（猫毛）

是比面相笔①更细更短的极细的描绘用笔。一般在工业设计
相关的草图中很少使用颜料，但在用马克笔和色粉笔绘制
的草图最终润饰时，会用一点白广告色或白水粉色。这时，
常会使用这样的白圭笔。

规格有：笔毛长 7mm、直径 1.1mm，笔毛长 9mm、直径 1.7mm，
笔毛长 11mm、直径 2.3mm，笔毛长 12mm、直径 2.5mm，
笔毛长 15mm、直径 3.5mm 等。

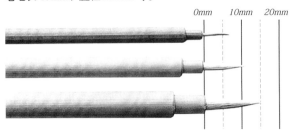

TURNER 白色广告颜料

是不透明水彩颜料。

调色盘

白陶制的圆形小盘。

彩色凝结液

这是使颜料加速凝固的液体辅助材料。
将这种彩色液体滴 1~2 滴到颜料里，之
后再用马克笔画的草图上涂绘时，颜料
不会渗出。

塑料笔洗

尺寸：175mm（长）× 130mm（宽）× 75mm（高）。

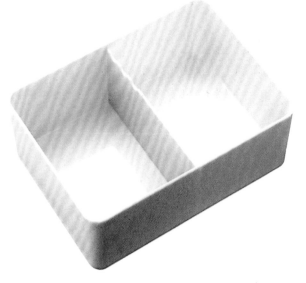

---

① 面相笔，在日语中指用来描眉毛、鼻子轮廓等细微处的笔尖非常细长的画笔。

COPIC 专用白颜料

这是为 COPIC 专门开发的白色颜料，可以在马克笔描绘的草图上使用。

修正液

这种修正液比白广告和白水粉更显白。一般用来点高光。

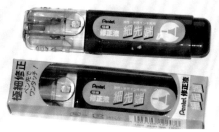

餐巾纸

主要在用色粉描绘画面时，或擦拭圆规等工具上的污物时使用。

脱脂棉（棉 100%）

这是吸水性、保湿性强的 100% 的棉制品。在用色粉和液状马克涂抹大的面时较为方便。

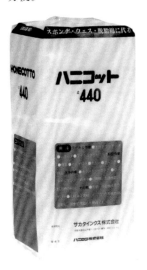

固定保护液（亚光加工）

对于用色粉和彩色铅笔等描绘的草图，用这种高级的固定液来固定和保护画材是最合适的，能让草图表面完全不起变化、完全固定。

HOLBEIN SPRAY FIXATIVE

在用色粉笔、木炭、铅笔等绘制的设计图上，获得有光泽效果的固定液。

HOLBEIN SPRAY PASTEL FIXATIVE

这种固定液是油性材料所制，不会溶解混在色粉中的染料物质，所以不会引起色彩的变化。

强生婴儿爽身粉（干燥型）

将婴儿爽身粉混入粉状的色粉中，可以滑润地表现设计图。

3M 喷射式黏合剂

只需单面喷射在作品上，不会使纸起皱，可以干净地粘贴和剥离。

高强度黏合剂 ——

黏合力更强，适用于小面积黏合

3M 喷射式胶水

【胶水 77】适用于卡纸、瓦楞纸、薄型纸等的黏合。

【胶水 88】适用于不燃织物、毛毡之间和木材、金属等的黏合。

【胶水 99】适用于不燃织物、毛毡、皮革、纤维、塑料、木材、厚纸、金属、合成橡胶等的黏合。

SCOTCH MEDING 胶带

这种胶带上可以书写文字。规格有：12mm×30m（卷芯直径 25mm）、18mm×30m（卷芯直径 25mm）、12mm×50m（卷芯直径 76mm）、18mm×50m（卷芯直径 76mm）、24mm×50m（卷芯直径 76mm）等。

SCOTCH DRAFTING 胶带

这种胶带黏度低，不会损伤原稿和衬纸，可以很好剥离，曲线状也能粘贴。规格有 12mm×30m（卷芯直径 76mm）、18mm×30m（卷芯直径 76mm）、24mm×30m（卷芯直径 76mm）、12mm×5m（卷芯直径 25m）。

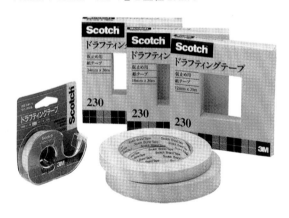

SCOTCH 透明双面胶

透明材料制造，粘贴痕迹不明显，因没有衬纸，使用方便。规格有：12mm×20m（卷芯直径 25mm）、18mm×25m（卷芯直径 25mm）、12mm×25m（卷芯直径 76mm）、18mm×25m（卷芯直径 76mm）、24mm×25m（卷芯直径 76mm）。

SCOTCH 胶带

这种胶带粘贴和剥离都较为方便。规格有 12mm×30m（卷芯直径 76mm）、18mm×30m（卷芯直径 76mm）、24mm×30m（卷芯直径 76mm）。

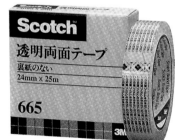

TOO 双面胶带

这种双面胶带黏合力强，最适于黏合卡纸和铝板等需要黏合力强的材料。规格有：12mm × 20m（卷芯直径 75mm）、15mm × 20m（卷芯直径 75mm）、19mm × 20m（卷芯直径 75mm）。

遮挡用胶带

这种胶带黏合力弱，剥离时干净、不伤纸。规格有：6mm × 18m、9mm × 18m、12mm × 18m、18mm × 18m、20mm × 18m、24mm × 18m、30mm × 18m、40mm × 18m。

遮挡用薄膜

这是被特殊加工的、有黏合性的透明薄膜，厚度仅 0.07mm。切口处锋利，吹喷枪和用笔上色时边缘鲜明。规格有：125mm × 10m、250mm × 10m、500mm × 10m。

TOO 细型双面胶带

在纸、布、塑料等上的黏合力强，对很难涂上浆糊和胶水的细小物体很方便，极细的双面胶带。规格有：2mm × 20m（卷芯直径 75mm）、3mm × 20m（卷芯直径 75mm）、5mm × 20m（卷芯直径 75mm）。

NICHIBAN 双面胶带纸

这种双面胶带纸最适合纸的黏合，剥离纸上印有长度尺寸，因此能方便地裁取必要的长度。

规格有：5mm × 20m、10mm × 20m、15mm × 20m、20mm × 10m、20mm × 20m、25mm × 10m、40mm × 10m、40mm × 20m、50mm × 10m。

胶带切割器

这是 *SCOTCH* 胶带专用切割器。

这种胶带切割器可以与各种直径规格的卷芯配合安装，是性能优良的胶带切割器。

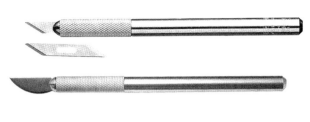

SILVER 刀
因刀柄是铝制的，较轻，长时间使用也不会疲劳。

NT 美工刀
切、削、裁、割等各种用途的美工刀种类很多。

这是世界上最受欢迎的定型美工刀。最适于切割纸、胶片、壁纸和皮革等材料。

这种大型的美工刀最适于切割瓦楞纸、毛毯、胶合板等比较厚的物体。

设计用定型小刀，将刀具的头部螺丝松开，将刀刃插入拧紧使用，刀刃不会摇晃。最适于设计和剪纸（刻纸）等精细物件的雕刻切。

刀身为不锈钢制作、适于精细工作的美工刀。这种美工刀具有防刀刃滑出的功能，且左右都可使用，只需更换刀刃。左撇子、右撇子都能使用。

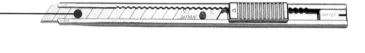

这是为专业人员制造的不锈钢刀身的美工刀。适用于精细的雕刻工作，且刀具左右两头都可使用。

【NT 替换刀刃】
各种美工刀都有可更换的刀刃。

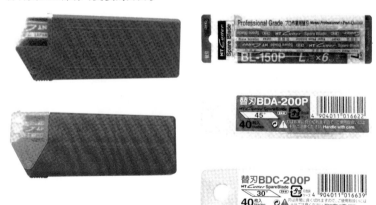

OLFA 美工刀

这是一种日常广泛使用的美工刀。

OLFA 直线、曲线切割刀

这是可以进行直线、曲线切割的刀具，常用于柔软的布料、胶片（苫布）、薄板、皮革、橡胶垫片等用普通美工刀难以切割的材料。

NT 圆切割刀（C-1500P 型）

可切割的圆的直径为 18~170mm。如与其他延长连杆配合使用，可以切割更大的圆（最大 400mm）。

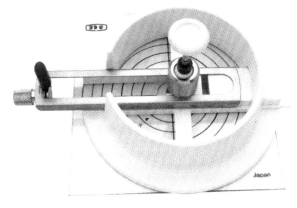

【切割连杆】

安装在 C-1500P 型上可切割直径 160~400mm 的大圆。

【C-1500P 型用替换刀刃】

OLFA 万能 L 型美工刀

这是切割纸和胶合板等大型物件的美工刀。

【万能 L 型替换刀刃】

NT ROLLING 切割刀

这种刀具可以安装 3 种圆形刀刃，进行直线和曲线、波形及点线的切割。

HT 圆切割刀（C-2500P 型）

可切割的圆的直径为 30~160mm，主要用于切割厚的物品。

【C-2500P 型替换刀刃】

圆切割刀 CL-100 型

这种切割刀可以准确而轻松地切割胶合板，直径为 100~1000mm。

【CL-100 型用替换刀刃】

ALLEX 剪刀

非常锋利的不锈钢制造的剪刀。因其使用舒适的设计而获得 G 标志大奖。

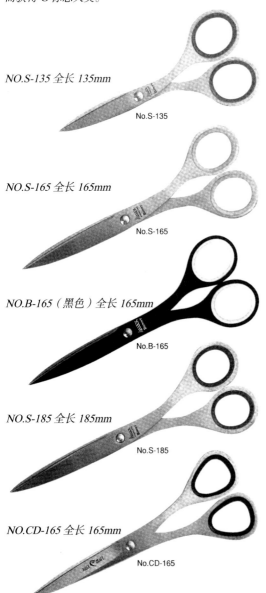

NO.S-135 全长 135mm

No.S-135

NO.S-165 全长 165mm

No.S-165

NO.B-165（黑色）全长 165mm

No.B-165

NO.S-185 全长 185mm

No.S-185

NO.CD-165 全长 165mm

No.CD-165

OLFA 圆规型切割刀

可切割的圆的直径为 10~150mm。

NEW TWEEZER 小镊子

用不锈钢制造，耐锈蚀、重量轻，长时间使用也不疲劳。镊子尖端的折角和极细设计，使其适用于细小物品的粘贴。最适合于细致的设计工作。

这种小镊子原本是为医疗使用而开发的工具，故其功能性和操作的方便性一流。

根据不同的用途可以挑选各种镊子。

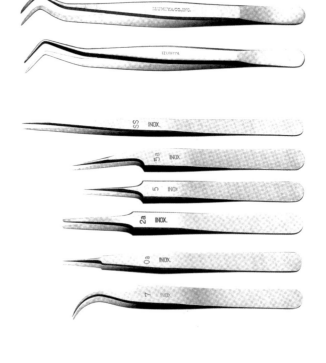

HAFF 制图仪

德国式制图仪器（德国制造）。

有 100 多年历史的 HAFF 公司以其精密的技术和对品质的追求而闻名于世。其产品极其精密，出厂时一件一件进行严格检查，无论精度还是耐久性都极佳。所有产品都电镀抛光，被誉为"世界上最优质的制图仪"。

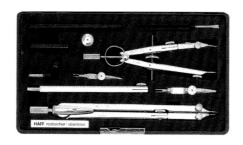
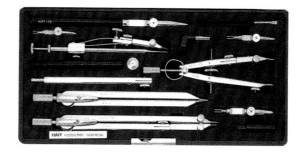
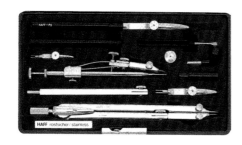
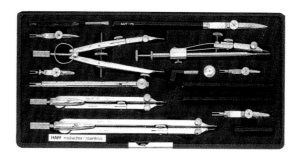
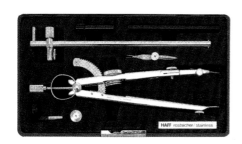
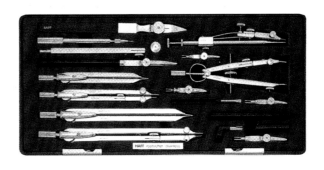
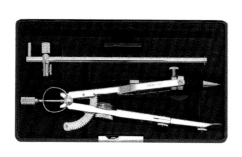
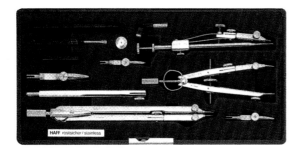
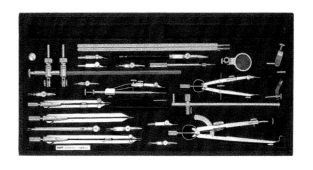

万能圆规

这是可以将马克笔、美工刀、铅笔和其他笔记工具夹住使用的万能圆规。

【延长棒】
长度到600mm

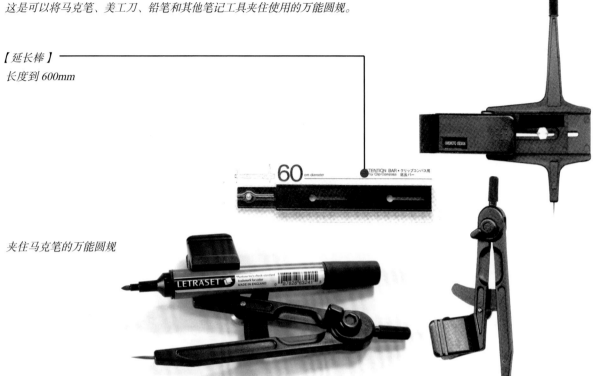

夹住马克笔的万能圆规

擦字板

这是在擦去错误的线条和文字时为防止擦去其他必须保留处而使用的擦字板。

精细型擦字板

不锈钢擦字板

羽毛掸子

有大、小羽毛掸和鸭毛掸等。

鸭毛掸

大羽毛掸

小羽毛掸

制图用刷

小的全长230mm

大的全长270mm

玻璃棒·金属棒

无论是一头圆珠还是两头圆珠的棒，都是用带槽尺划线时使用。

一头有圆珠的玻璃棒（长度170mm）
两头有圆珠的玻璃棒（长度170mm）
单头圆珠金属棒（长度180mm）

丙烯直尺

印有刻度的普通直尺。

长度有 300mm（宽 30mm、厚 3mm）、450mm（宽 43mm、厚 3mm）、500mm（宽 47mm、厚 3mm）、600mm（宽 56mm、厚 3mm）

不锈钢直尺

裁切时使用的不锈钢直尺。

长度有 150mm、300mm、600mm、1000mm

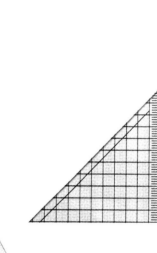

三角尺

无刻度的丙烯制三角尺。

规格有：240mm（3mm 厚）、300mm（3mm 厚）、360mm（3mm 厚）、450mm（3mm 厚）

方格三角尺

尺面全部印有 5mm 方格的透明丙烯制的常用三角尺。

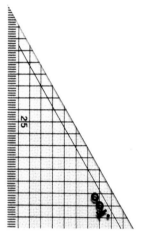

半径尺

浅绿色透明塑料制作的半径尺。

尺寸为 170 mm × 173 mm × 0.8mm（半径从 1~1000mm）

圆孔板

浅绿色透明塑料制作的圆孔板。

尺寸为 110 mm × 230 mm × 0.8mm（1~36mm、39 孔）、90 mm × 140 mm × 0.8mm（1~22mm、23 孔）

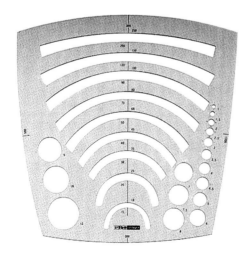

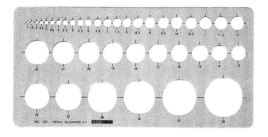

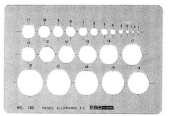

TOOLS 椭圆模板（10 块装）

这是将绘制马克笔草图和效果图时经常使用的投影角为 15°、25°、35°、45°、55° 的椭圆，分别按 2mm 和 4mm 间距排列的椭圆模板。

在目前销售的椭圆模板成套产品中，这是唯一能从最小 3mm（仅 45°、55°）绘制到最大 100mm（主轴长度）的成套模板。

备注：这种椭圆模板比较少，主要供设计专业学生使用。

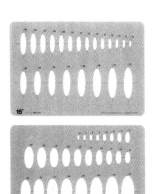

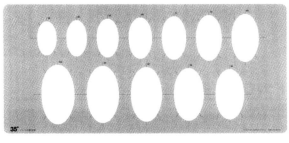

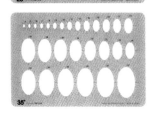

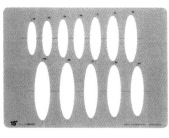
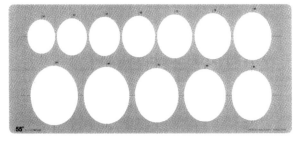

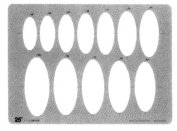

15°（10~52mm）、15°（56~100mm）、25°（6~52mm）、25°（56~100mm）、35°(4~52mm)、35°（56~100mm）、45°（3~52mm）、45°（56~100mm）、55°（3~52mm）、55°（56~100mm）等 10 块一套。

椭圆模板

规格有:158mm×330mm×0.8mm, 25°、35°、45°、60°(6~36mm、61 孔)普及版;

320 mm×478 mm×0.8mm, 15°、30°、45°、60°(6~50mm、107 孔)等。

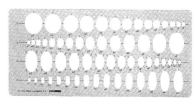

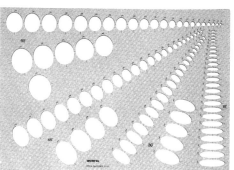

大圆模板

330 mm×260 mm×0.8mm(40~90mm、11 孔)

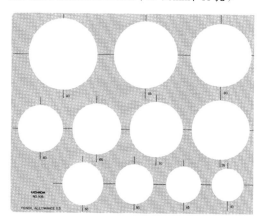

PRAPAS 圆模板

大:115 mm×235 mm×1mm(0.8~36mm、40 孔);

中:90 mm×185 mm×1mm(1~25mm、34 孔);

小:90 mm×140 mm×1 mm(0.8~26mm、20 孔);

极小:90 mm×185 mm×1 mm(0.6~15mm、85 孔)。

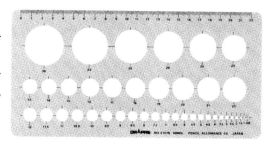

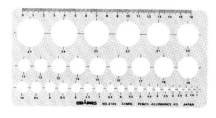

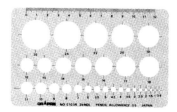

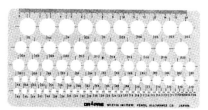

DRAPAS 椭圆模板

规格从极小的长轴(2mm)到较大的长轴(80mm)等。

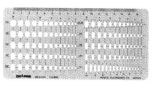

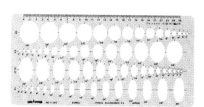

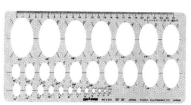

椭圆模板（26块一套）

这套椭圆模板包括投影角从 15° 到 75°（依次相差 5°）的 13 种椭圆，每种又分为大、小两块板。

主轴长度为 3~10mm 的椭圆以 1mm 为间距，10~52mm 的以 2mm 为间距，56~100mm 的以 4mm 为间距。

26 块一套，均为 0.6mm 厚的透明聚氯乙烯制作。

IZUMIYAN 曲线板

透明黄色塑料制，10 块一套，最大长度 520mm、厚 2mm。

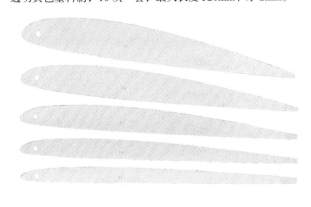

轨道曲线板

像铁路轨道那样由两根平行曲线组成的曲线板。曲线半径从 30mm 到 5000mm。由 2mm 厚的透明丙烯板制成。

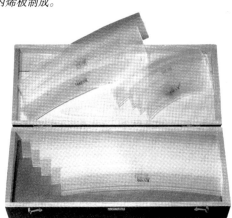

TOOLS 曲线板（3块一套）

绘制设计草图和效果图时使用频率高的曲线板。

第4章

从基础到工业设计草图

我们在第 3 章中介绍了工业设计领域使用率最高的马克笔、色粉笔、彩色铅笔、插图纸和彩色纸等工具和材料。本章将对使用上述工具进行基础练习以及实际绘制草图进行图解说明。

4.1　各种工具（画材）的基础表现

在复印纸、插图纸、彩色纸、描图纸等纸上，使用马克笔、色粉笔、铅笔、水性笔和圆珠笔等进行各种基础表现。

1. 铅笔的基础表现练习

铅笔表现最基本的是线条训练，在速写本、复印纸和插图纸等上面，尽可能大量地进行铅笔线条训练。

在线条训练达到一定的熟练程度后，接着要使用铅笔的侧面进行平涂的练习。这方面训练也极为重要。

用 B~5B 的铅笔描绘各种各样的线条

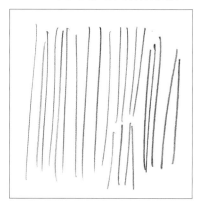

徒手画的竖线

徒手画的横线

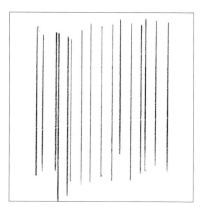

用直尺画的竖线

用直尺画的横线

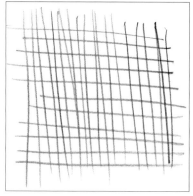

徒手画的格子线

徒手画的斜线

徒手交叉斜线　　　　　曲线　　　　　　　　　长上挑线

横线　　　　　　　　　波浪线　　　　　　　　短线

短上挑线　　　　　在平涂底上画斜线（交叉斜线）　铅笔侧锋描绘的线

线的粗细变化描绘训练

铅笔线描草图实例

在插图纸上用 3B~5B 铅笔作造型展开练习，线描的构思草图。用细线、中粗线、粗线和斜线等组合表现，极为简洁。

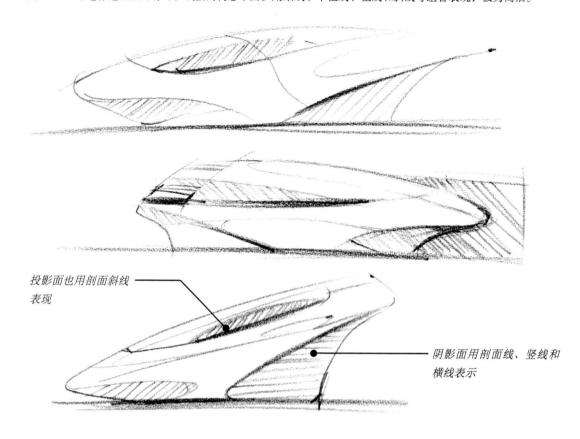

投影面也用剖面斜线
表现

阴影面用剖面线、竖线和
横线表示

在插图纸上用 8B 铅笔为造型展开所描绘的鼠标的构思草图。用细线、中粗线、粗线、剖面线（斜线）等线条相组合，进行极为简洁的描绘。另外，局部也稍微用了黑色彩色铅笔。

用中粗线表现

浅的阴影部分用粗的斜线
表现

深的阴影部分用涂黑
来表现

主体的阴影面用细线、中
粗线和粗的剖面线（斜线）
来表现

阴影面，这里用粗斜线来
表现

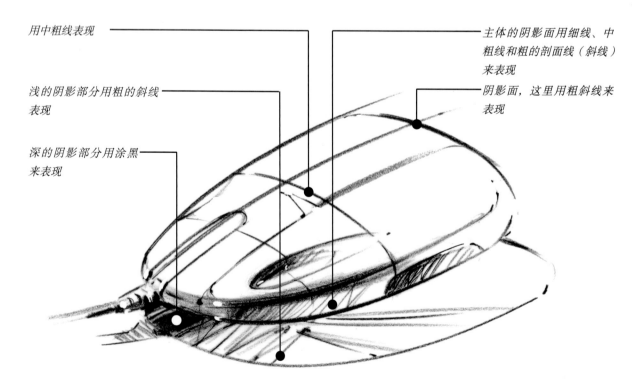

在描图纸和插图纸上使用铅笔和黑色彩色铅笔描绘的相机草图。使用细线、中粗线、粗线和剖面线等线条进行简洁的描绘。此外，局部使用黑色彩色铅笔描绘。

一边考虑所设计相机整体的、大的曲线和面，一边用线描的草图进行造型展开。

在描图纸上，用6B铅笔和黑色彩色铅笔进行描绘。

细线、中粗线和粗线结合使用，看起来更美。

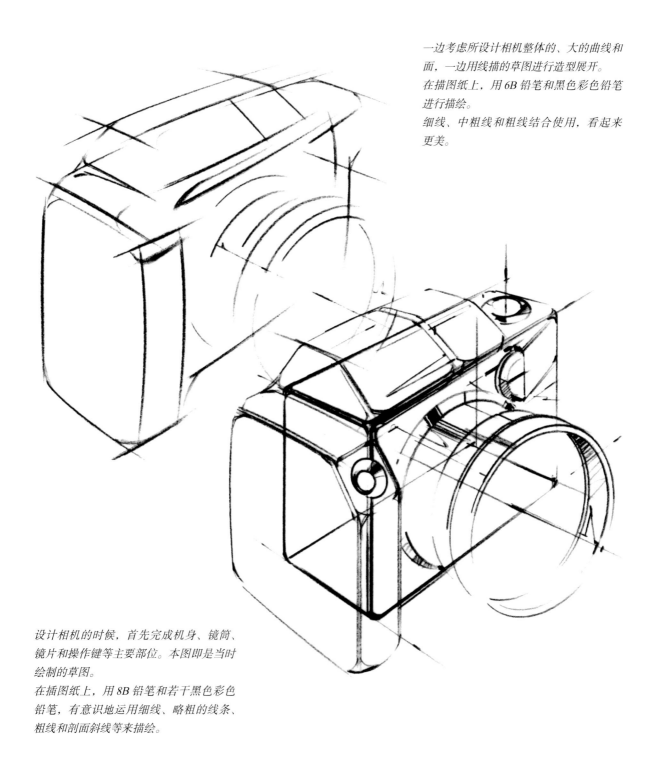

设计相机的时候，首先完成机身、镜筒、镜片和操作键等主要部位。本图即是当时绘制的草图。

在插图纸上，用8B铅笔和若干黑色彩色铅笔，有意识地运用细线、略粗的线条、粗线和剖面斜线等来描绘。

运用铅笔芯的腹部进行晕染和用橡皮、橡皮胶、复印纸进行调子的辅助练习

用硬质铅笔（2H、H）晕染

用 HB、B 铅笔进行晕染训练

用 3B 软质铅笔进行晕染训练

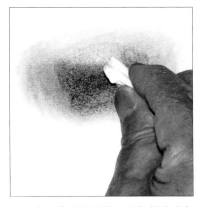

选取自己喜欢的硬度，用铅笔的腹部
进行平涂，然后用餐巾纸进行晕染

选取自己喜欢的硬度，用铅笔的腹部进
行平涂，然后用橡皮胶进行调子处理

选取自己喜欢的硬度，用铅笔的腹部
进行平涂，然后用橡皮进行调子处理

用 H~5B 的铅笔进行浓淡过渡的练习

用同样硬度的铅笔（这里使用 3B）进行 4 个层次的明
暗调子的表现

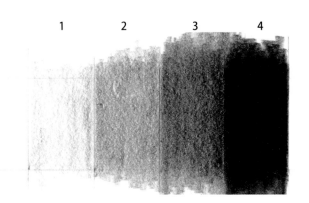

用铅笔渲染来描绘基本立体

在用铅笔涂描以后，应用明度和渐变的技法描绘单纯的圆筒形。

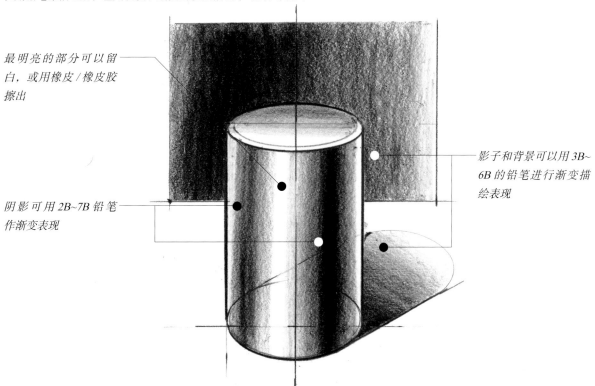

最明亮的部分可以留白，或用橡皮/橡皮胶擦出

影子和背景可以用3B~6B的铅笔进行渐变描绘表现

阴影可用2B~7B铅笔作渐变表现

用拓印法表现质感

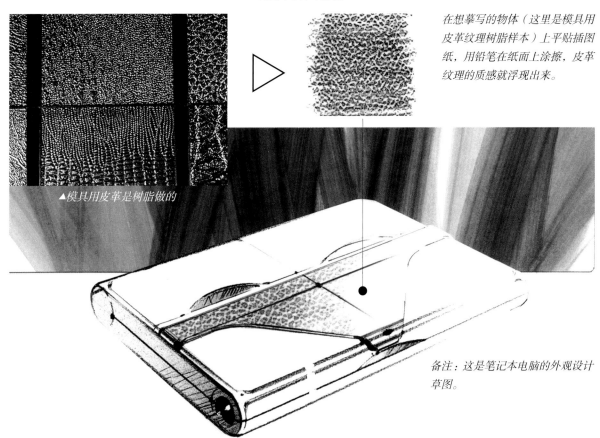

在想摹写的物体（这里是模具用皮革纹理树脂样本）上平贴插图纸，用铅笔在纸面上涂擦，皮革纹理的质感就浮现出来。

▲模具用皮革是树脂做的

备注：这是笔记本电脑的外观设计草图。

2. 彩色铅笔的基础表现练习

和普通铅笔一样，首先要进行最基本的线的表现练习。在速写本、复印纸、插图纸和彩色纸（色纸）上，尽量大量地描绘线，让手熟练。然后，再使用彩色铅笔的侧面（腹部）进行涂绘表现练习。这种练习也极为重要。

这里使用的是在工业设计领域最常用的 KARISMA COLOR 彩色铅笔。

用喜欢的彩色铅笔画各种线条

竖线 　　　　　横线 　　　　　用直尺画的竖线

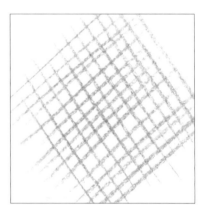

用直尺画的横线 　　　　　（剖面）斜线 　　　　　交叉斜线

浓淡或渐变的练习
用红色、黄色、绿色、蓝色和紫色铅
笔的侧面进行渐变涂描练习。

用斜线构成来表现渐变的效果

用彩色铅笔画很多线来表现渐变效果，是训练使用铅笔的重要练习。

使用溶剂来表现渐变效果

用棉片蘸取苯液在彩色铅笔涂过的任何处可进行渐变练习。

在彩色纸上用彩色铅笔渐变描绘来表现简单的基本立方体

在深色的彩色纸（这里是深蓝色的CANSON彩色纸）上，用白色铅笔来表现立方体的明暗调子。

备注：由于彩色纸和彩色铅笔的相合性好，因此彩色铅笔在彩色纸上容易上色。

在深色的彩色纸（这里是深蓝的CANSON彩色纸）上，用黄色和白色铅笔来表现圆筒的明暗调子。

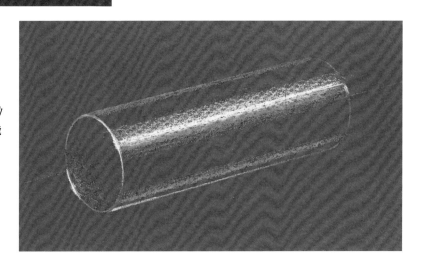

彩色铅笔描绘的草图实例

在插图纸上使用红色系的彩色铅笔，为造型展开而描绘的台式加湿器的部分构思草图。

用细线、稍粗的线、粗线和斜线等线条相互组合进行简洁的描绘。

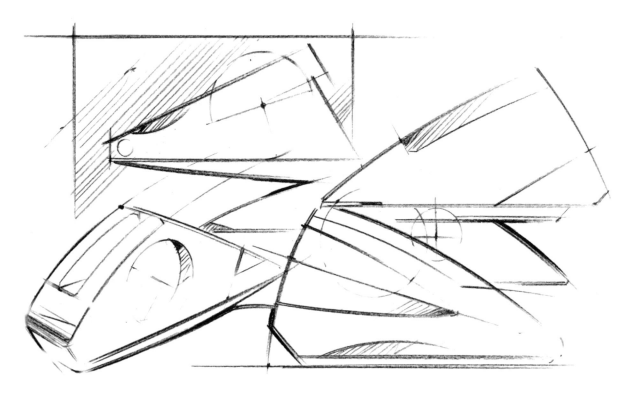

有机形态（动的物品）造型展开练习描绘的构思草图的一部分。在描图纸上用黑色彩色铅笔和圆珠笔进行描绘，细线、略粗的线、粗线和斜线等线条结合使用，极为简洁。

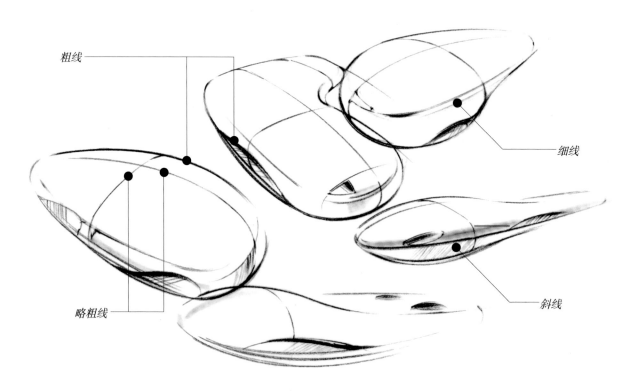

粗线

细线

斜线

略粗线

右图是为有机形态造型展开练习描绘的
构思草图的一部分，是在插图纸上用红
色系和蓝色系彩色铅笔进行的极为简洁
的描绘。

用细线、略粗的线、粗线和斜线等线条
组合起来表现。

注：构思草图使用了椭圆板和曲线板。

下图是传真机开发过程中设计研究阶段
绘制的一张高光画法的草图。

在 CANSON 彩色纸上用白色彩色铅笔描
绘明亮部分，用黑色彩色铅笔描绘分割
线等，红色和蓝色部分用各种彩色铅笔
进行描绘。其他部分使用马克笔和色粉
笔等描绘。

右图是玻璃器皿开发过程中造型研究阶段绘制的高光画法草图之一。

在 CANSON 彩色纸上用白色彩色铅笔描绘亮部，用黑色彩色铅笔描绘暗部。此外，暗部也使用了马克笔。

注：CANSON 彩色纸和彩色铅笔的相合性好，因此色彩容易在纸上呈现出来且显色效果好。

下图是 IT 终端机开发过程中的造型研究阶段所描绘的高光画法草图之一。

在 CANSON 彩色纸上用白色彩色铅笔描绘亮部，用黑色彩色铅笔表现暗部及分割线。

彩色部分使用绿色和橙色的铅笔，其他阴影等部分也用黑色马克笔来表现。

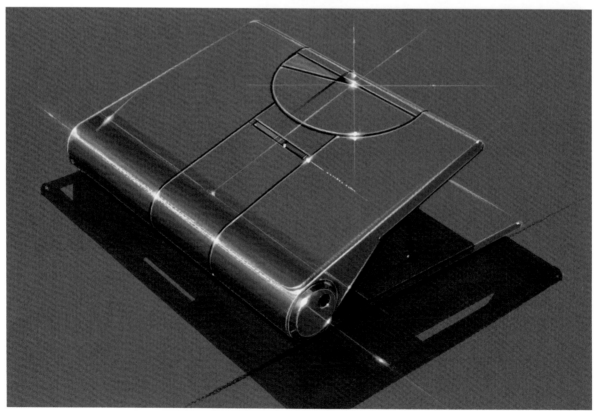

3. 硬笔类的基础表现练习

其他笔类的基本练习和普通铅笔、彩色铅笔一样，以线为基础，可以在速写本、复印纸和插图纸上尽量进行大量的线的描绘练习。能熟练使用各种笔进行描绘十分重要。

笔的种类很多，这里列举在工业设计领域使用最多的水性笔和圆珠笔。

0.3mm 粗的水性笔描绘的各种线条

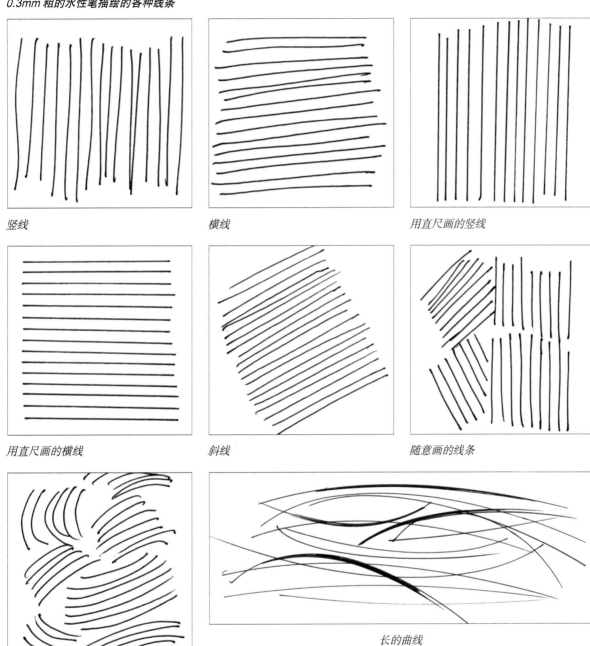

竖线　　　　　　　　横线　　　　　　　　用直尺画的竖线

用直尺画的横线　　　斜线　　　　　　　　随意画的线条

长的曲线

曲线

线的粗细变化描绘练习

水性笔描绘的草图实例
在插图纸上使用 0.2~0.5mm 水性笔描绘的复印机展示草图的底稿（线描）。用细线、略粗的线和粗线组合进行简洁的描绘，局部使用了圆珠笔。

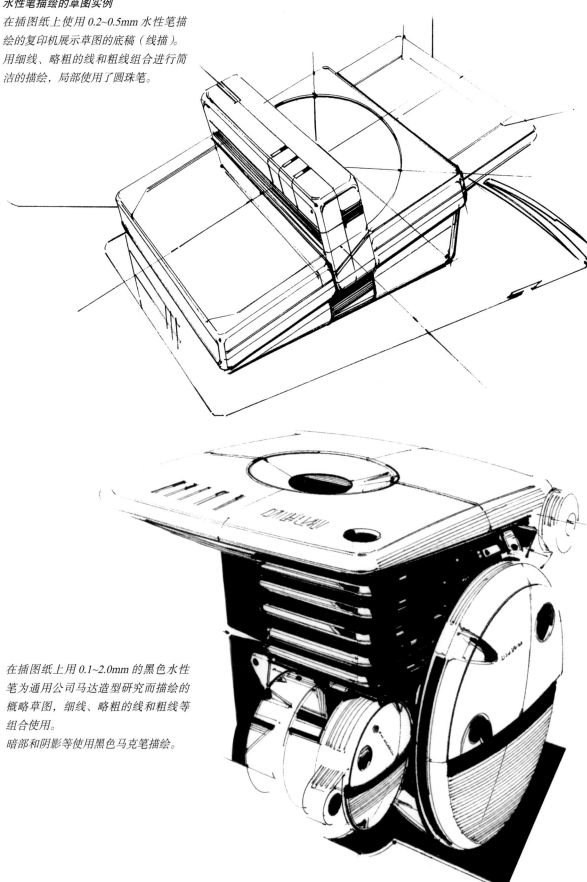

在插图纸上用 0.1~2.0mm 的黑色水性笔为通用公司马达造型研究而描绘的概略草图，细线、略粗的线和粗线等组合使用。
暗部和阴影等使用黑色马克笔描绘。

用圆珠笔进行各种线条的练习

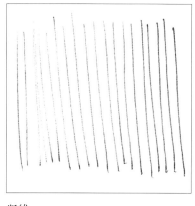

竖线

横线

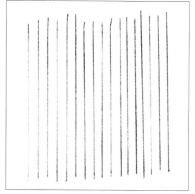

用直尺画的竖线

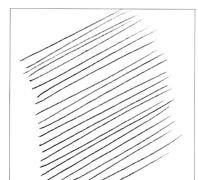

斜线

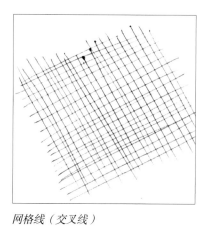

网格线（交叉线）

用直尺画的横线

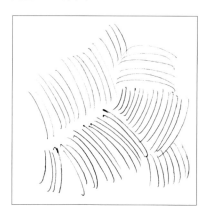

短小的曲线

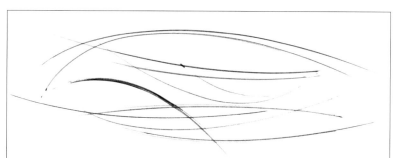

长的曲线

线的粗细变化练习

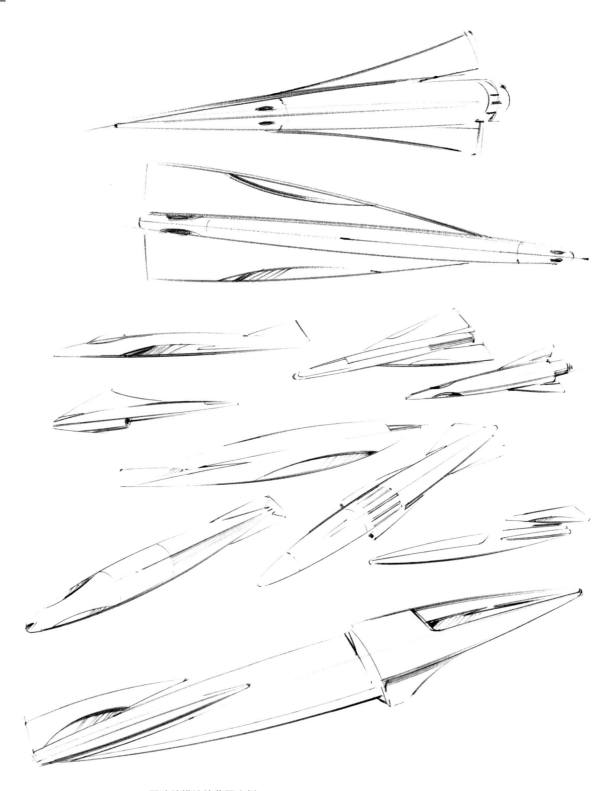

圆珠笔描绘的草图实例

这是在进行造型构思展开训练时，大量描绘的火箭和飞机等高速
形态的草图的一部分。

在插图纸上用 0.5mm 的黑色圆珠笔和直尺进行描绘，用细线、略
粗的线、粗线和斜线组合完成简洁的表现。

4. 马克笔的基础表现练习

在工业设计草图作业中，马克笔已是必备的工具。现在就工业设计师利用频率最高的酒精系COPIC马克笔的基本技术进行介绍。

马克笔的用纸

马克笔用纸大体上可以分有渗透性和无渗透性两种。普通纸都有渗透性，马克笔一画马上就渗透，一旦涂上马克就不能去掉。相反，无渗透性的纸，马克残留在纸的表面，用酒精等溶剂就可以擦掉。

  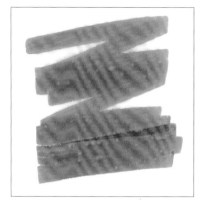

复印纸（有渗透性）　　　　　　　插图纸（有渗透性）　　　　　　硫酸纸（无渗透性）

线条的灵活应用练习

SPEEDRY 马克笔和 *COPIC* 马克笔等，笔端的形状和大小是固定的，不能像毛笔那样自由画出不同粗细的线条。但是，通过一定的方法，也能够在某种程度上描出各种粗细的线条。

备注：COPIC 草图马克笔（毛笔型）可以像毛笔那样使用。

在插图纸上（具渗透性）用 *COPIC* 马克笔的宽面画线（用直尺）

在插图纸（具渗透性）上用 *COPIC* 马克笔的侧面画线（用直尺）

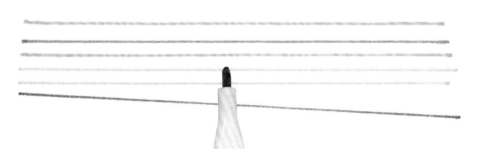

在插图纸上（具渗透性）用 *COPIC* 马克笔的笔尖画线（用直尺）

在插图纸上（具渗透性）用 COPIC 马克笔细描笔画线（用直尺）

在插图纸上（具渗透性）用 COPIC 草图笔（毛笔型）的细描笔画线（用直尺）

◀如图所示稍用力压住 COPIC 草图笔（毛笔型）
来画线（这里使用具渗透性的插图纸）
注：不使用直尺和曲线板

▲
如图所示用 COPIC 草图笔（毛笔型）轻轻地圆滑地描绘线条（这里使用具渗透性
的插图纸）
注：不使用直尺和曲线板

备注：COPIC 草图用马克笔（毛笔型）的笔尖呈毛笔形，因此适于描绘自由曲线
等线条。

用笔芯的宽面画的线条

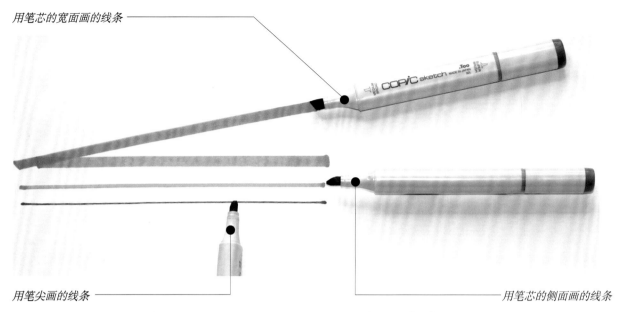

用笔尖画的线条

用笔芯的侧面画的线条

在白纸上用 COPIC 草图笔（毛笔型）的粗描部位画的线条（使用直尺）

在白纸上用 SPEEDRY 马克笔的宽面画线

在白纸上用 SPEEDRY 马克笔的笔芯侧面画线

在白纸上用 SPEEDRY 马克笔的笔尖画线

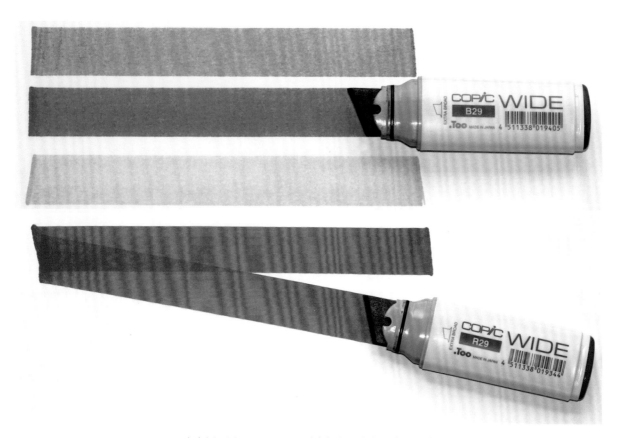

在白纸上用 COPIC WIDE（宽幅）马克笔的宽面画线

在白纸上用 COPIC WIDE（宽幅）马克笔的侧面画线

备注：马克笔画线的方法没有一定之规，因此要尽可能大量地练习画各种各样的线条，使自己熟悉各种马克笔的性能和表现，这点很重要。

此外，即便是同一支马克笔，在使用上多动脑筋，也可以画出各种粗细的线条。

在白纸上用 COPIC WIDE（宽幅）马克笔的笔尖画线

用马克笔线描的草图

以英文字母 A 的形态为基础作造型展开的一组电话机的构思草图。

在插图纸上（具渗透性）用 COPIC 草图笔（毛笔型）绘制的草图。

用细线、略粗的线和粗线等组合进行极简洁的表现。

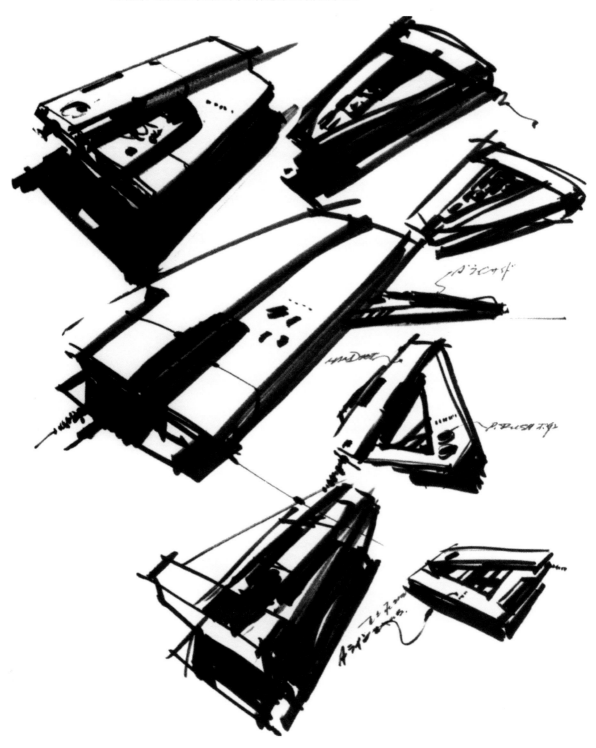

以喷气式发动机和涡轮发动机等旋转形态为基础展开造型表现的纺织预备机的构思草图。

在插图纸（具渗透性）上用 COPIC 马克笔、COPIC 草图笔（毛笔型）或圆珠笔等来表现。

用细线、略粗的线和粗线等组合进行极简洁的表现。

平涂面的练习

使用马克笔涂面的时候，没有特别的方法。

需要注意的是，在涂小面积时（斑驳）不匀较少，看起来漂亮；但大面积涂的时候，易出现颜色深浅不匀。

避免不匀的平涂方法（使用具渗透性的插图纸）：用 COPIC 马克笔笔芯的宽面从左到右、从右到左往返平涂，笔芯不离开纸面，则涂色均匀。

表现深浅不匀效果的平涂方法（使用具渗透性的插图纸）：用 COPIC 笔芯的宽面，从左到右一个方向平涂，便会出现横条纹有深有浅的效果。

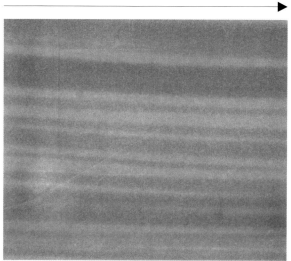

避免不匀的平涂方法（用不具渗透性的硫酸纸）：用 COPIC 马克笔笔芯的宽面从左到右、从右到左往返平涂，笔芯不离开纸面，则涂色均匀。

表现深浅不匀效果的平涂方法（用不具渗透性的硫酸纸）：用 COPIC 马克笔笔芯的宽面从左向右一个方向平涂，则会出现横条纹深浅不匀的效果。

备注：无渗透性纸比有渗透性纸深浅不匀要少。

备注：无渗透性纸相较有渗透性纸，即使一直在一个方向平涂，也不太会出现深浅不匀。

明暗层次表现练习

即便是同一明度的马克笔，若重复涂 2~3 次，就会比仅涂一次深。

下面各图是在插图纸（具渗透性）上使用 COPIC 灰色系马克 No.1、No.3、No.4 和 No.7 四种笔来表现明度层次。

No.1 涂 1 次

No.4 涂 1 次

No.1 涂 2 次

No.4 涂 2 次

No.3 涂 1 次

No.7 涂 1 次

No.3 涂 2 次

No.7 涂 2 次

明度层次渐变的表现练习

在实际绘制草图时，可以用这种方法简单地表现明度层次渐变的阴影和渲染效果。

下图是在插图纸（具渗透性）上，使用 COPIC 灰色系马克 No.1~No.10 号马克笔，从亮到暗重叠涂描表现。

从亮的明度开始
（COPIC 灰色马克笔 No.1）

用 COPIC 马克笔的灰色 No.1、No.2、No.3、No.4、No.5、No.6、No.7、No.8、No.9、No.10 依次进行渐变涂描练习

到暗的明度结束
（COPIC 灰色马克 No.10）

描绘立体图形的训练

在练习了明暗层次等以后，就可以应用已掌握的技法来表现立方体、长方体和圆柱体。

下图是在插图纸（具渗透性）上使用 COPIC 马克笔 No.1~No.10 描绘的立方体和长方体。

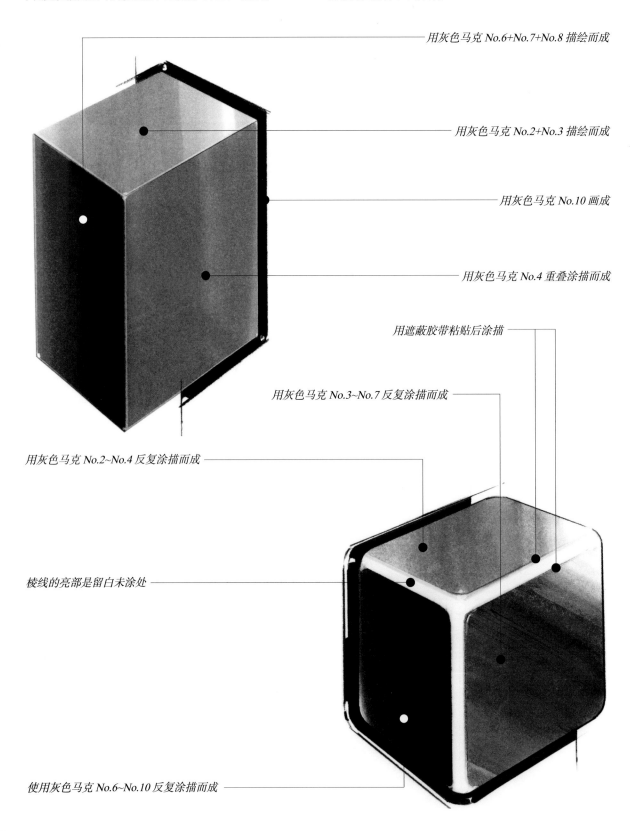

用灰色马克 No.6+No.7+No.8 描绘而成

用灰色马克 No.2+No.3 描绘而成

用灰色马克 No.10 画成

用灰色马克 No.4 重叠涂描而成

用遮蔽胶带粘贴后涂描

用灰色马克 No.3~No.7 反复涂描而成

用灰色马克 No.2~No.4 反复涂描而成

棱线的亮部是留白未涂处

使用灰色马克 No.6~No.10 反复涂描而成

在插图纸（具渗透性）上用 *COPIC* 灰色马克笔 *No.1~No.10* 描绘圆柱体

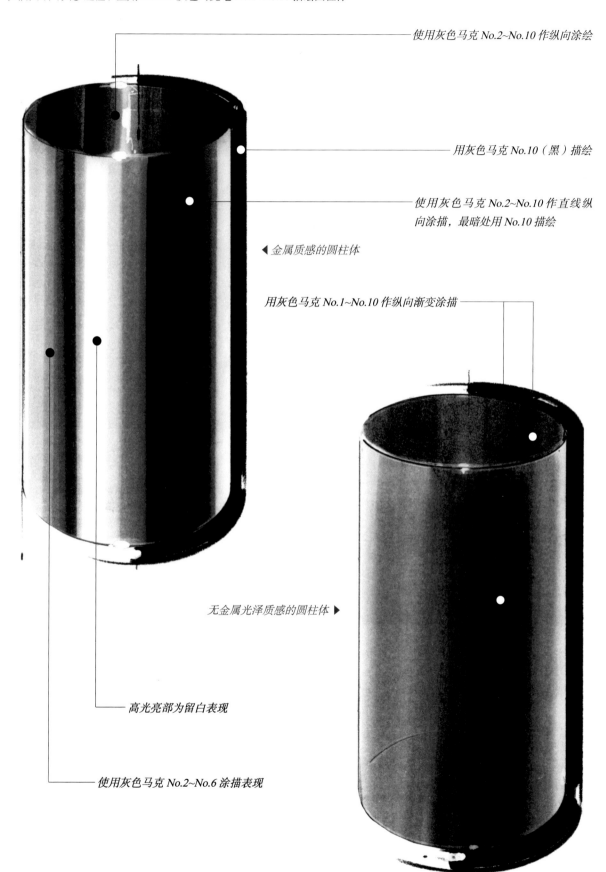

使用灰色马克 *No.2~No.10* 作纵向涂绘

用灰色马克 *No.10*（黑）描绘

使用灰色马克 *No.2~No.10* 作直线纵向涂描，最暗处用 *No.10* 描绘

◀ 金属质感的圆柱体

用灰色马克 *No.1~No.10* 作纵向渐变涂描

无金属光泽质感的圆柱体 ▶

高光亮部为留白表现

使用灰色马克 *No.2~No.6* 涂描表现

混色练习

因为马克是透明性染料，因此，如将色彩重叠就会产生如印刷的三原色混色效果那样的中间色。

这是在复印纸（具渗透性）上将 COPIC 马克的黄、红、蓝、绿色重叠描画的效果。

色彩明度层次的表现练习

可以从亮色到暗色重叠涂描，然后再用亮色在深浅明显处进行渐变的修饰。

下图是在插图纸（具渗透性）上使用 COPIC 马克笔的黄色和橙色系重叠描绘的结果。

用混色（重叠涂绘）描绘的草图实例

在照相机的灰色、黄色和红色部分，用灰色系马克笔和黑色马克笔重叠涂描（混色）来表现反射效果。

下图是构思展开的照相机草图。

在红色部分重叠涂上灰色马克来表现反射效果 ——————————————— 红色系零部件

在浅灰色部分重叠涂描黑色马
克（混色）来表现反射效果 ——

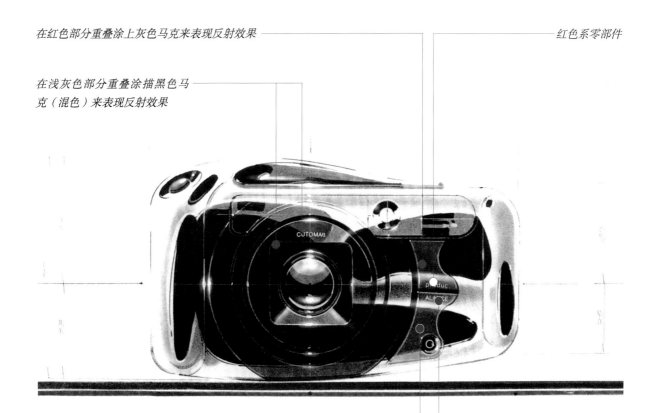

在黄色系零部件上再涂上灰色马克（混色）来表现反射效果 ——————— 黄色系零部件

背景及晕染（渐变）涂描表现练习

背景及晕染等涂描表现没有固定的方法。这里介绍最普通的描绘方法。

在插图纸（具渗透性）上用 SPEEDRY 马克笔描绘背景

先确定背景的描绘范围，然后用遮蔽胶带和硫酸纸进行遮蔽。

选择喜欢颜色的 SPEEDRY 马克笔作斜方向往复涂描。背景没有固定的描绘方法，为了尽快完成，可以用斜方向往复涂描来表现。

必要时可以使用各种颜色的马克笔来描绘。

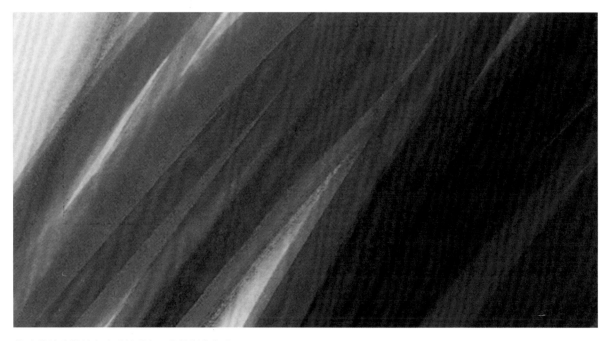

将遮蔽的胶带纸和硫酸纸剥离，背景便告完成。

在插图纸（具渗透性）上用 COPIC WIDE 宽幅马克笔描绘背景

宽幅马克笔的笔芯有 21mm 宽，是最适合描绘大面积和大范围背景的马克笔。

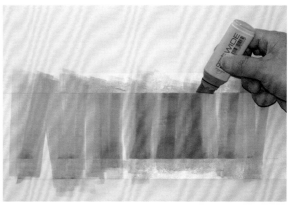

先确定背景描绘的范围，然后用遮蔽胶带纸和硫酸纸遮蔽。
选择喜欢颜色的 COPIC WIDE 宽幅笔芯马克笔，这里选择
的是蓝色和红色。

背景没有固定的描绘方法，为了尽快完成，可以作纵向和
斜方向往复涂描表现。

边涂边看效果，若有必要追加色彩的话可使用其他色彩重叠描绘（这里加上
了灰色系和黑色马克）。

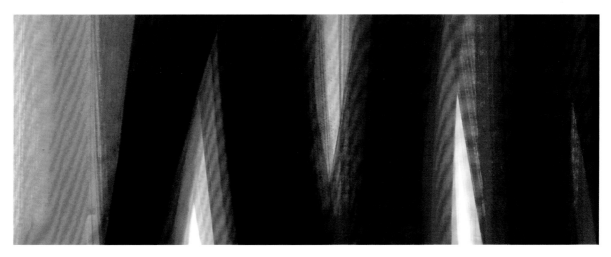

剥离了遮蔽胶带和硫酸纸后，背景即完成。

在插图纸（具渗透性）上用 COPIC 马克补充墨水（VARIOUS INK）描绘背景

先确定背景描绘的范围，然后用遮蔽胶带纸和硫酸纸作遮蔽处理。

挑选喜欢颜色的 COPIC 马克补充墨水，倒入调色盘并用溶剂（COPIC 稀释液）稀释，然后将棉片或餐巾纸折叠成任意大小，用金属文件夹夹住，蘸上稀释的墨水。

用蘸有 COPIC 马克补充墨水的棉片作纵向和斜向往复涂描。

涂后如感到需增加色彩，则可再使用其他颜色进行重叠描绘（这里增加了灰色）。

将遮蔽胶带纸和硫酸纸剥离后，背景即完成。

背景中放入文字的处理方法

备注：使用插图纸（具渗透性）。

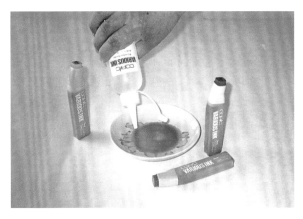

确定背景的描绘范围，用遮蔽胶带纸和硫酸纸作遮蔽处理，贴上标题的文字（喜欢的文字）。

选择喜欢颜色的 COPIC 马克补充墨水，倒入调色碟并用 COPIC 专用稀释液稀释，再将棉片或餐巾纸折叠成任意大小，用金属文件夹夹住，蘸上稀释的墨水。

背景描绘没有固定的方法，为了尽快完成，可以作纵向和斜向往复涂描表现。

使用玻璃胶带纸或 3M 胶带将粘贴的文字 "design" 等一起剥离。

注：使用胶带剥离文字时，注意不要损伤纸。

剥离遮蔽胶带纸后，背景即告完成。

在插图纸（具渗透性）上滴洒 COPIC 补充墨水来描绘背景

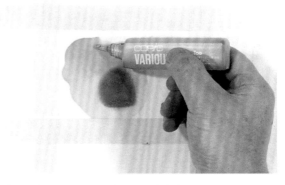

先确定背景的描绘范围，再用遮蔽胶带纸和硫酸纸作遮蔽处理。

将喜欢颜色的 COPIC 马克补充墨水滴在纸上。
备注：这里使用的是黄色和蓝色的墨水。

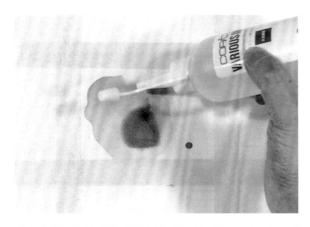

趁滴在纸面上的墨水未干之前，再滴上稀释溶剂作浓淡变化处理。

如有必要，还可以将其他颜色的 COPIC 马克补充墨水滴在画面上作混色处理。
备注：这里追加了红色系 COPIC 马克的补充墨水。

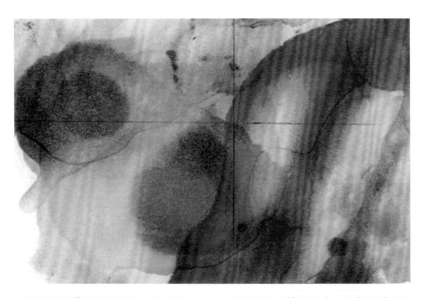

剥离遮蔽胶带纸和硫酸纸，留下用 COPIC 马克补充墨水滴洒后产生的偶然效果的背景。

使用金属网和牙刷，将 COPIC 马克补充墨水变成很小的液滴落在纸面上来描绘背景

自由决定背景的描绘范围，然后用遮蔽胶带纸进行遮挡。

将喜欢颜色的 COPIC 马克补充墨水放入小碟，用溶剂任意稀释。

备注：这里使用的是黄色、红色和绿色补充墨水。

用牙刷蘸上稀释的墨水涂在格子极细的金属网上。

再将牙刷在金属网上慢慢地像画圆一样擦刷。

备注：用牙刷在金属网上擦刷，就会让墨水变成很小的液滴落到纸面上。

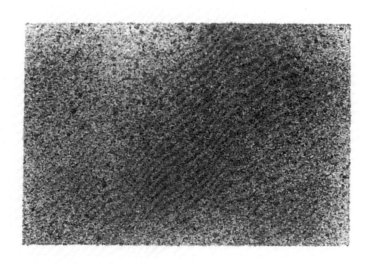

剥离遮蔽纸和硫酸纸，背景即告完成。

用 COPIC 马克喷枪描绘背景

取任意大小的插图纸（具渗透性），周围用遮蔽胶带和硫酸纸作遮蔽处理，并准备好喜欢颜色的 COPIC 马克笔。
这里准备的是黄色、橙色和灰色系马克笔。

将准备好的马克笔装在喷枪上，在距离纸面 20~30cm 处向纸面喷色。
喷绘没有固定的方法，但一般是从浅色到深色喷绘较容易表现。

喷好后将遮蔽胶带和硫酸纸剥离，背景即完成。

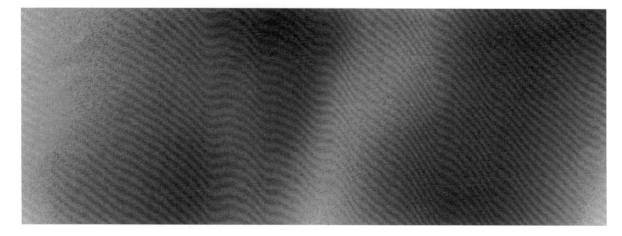

用 *COPIC* 马克笔和 *SPEEDRY* 马克笔作晕染表现

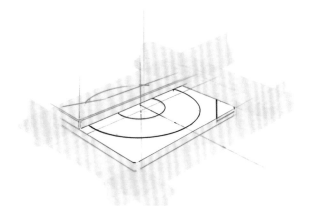

先确定作晕染的 *CD* 盘的范围，然后用遮蔽胶带和硫酸纸作遮挡。

此外，使用插图纸（具渗透性）。

使用棉棒或将餐巾纸折叠做成尖端硬而圆的棒状体，蘸上 *COPIC* 马克和 *SPEEDRY* 马克。

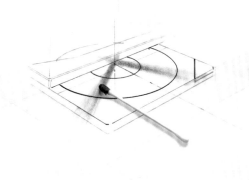

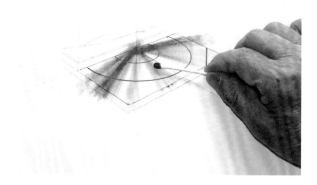

用蘸有马克的棉棒或餐巾纸作放射状 *CD* 盘的晕染描绘。*CD* 盘的亮部可留白。

进而将棉棒或餐巾纸蘸上喜欢颜色的马克作 *CD* 盘面的放射状晕染描绘表现。

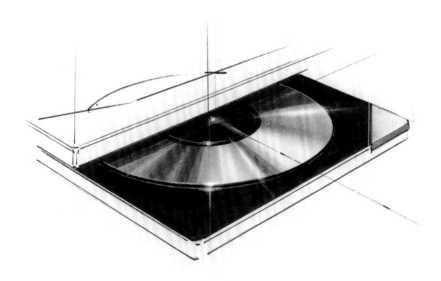

将遮蔽胶带和硫酸纸剥离，*CD* 盘描绘即完成。

用马克类颜料绘制的产品草图的背景和阴影实例

以下给出若干使用 COPIC 马克笔、马克补充墨水等绘制的产品背景和阴影的实例。

球状音响的概略草图

这是产品设计过程中造型研究阶段绘制的概略草图
中的一幅。

在 A3 大小的插图纸（具渗透性）上使用红、紫、
灰色马克和黄、蓝、灰色的色粉笔绘制的草图。

背景和阴影使用红、紫和灰色系的 COPIC 马克在
水平方向重叠描绘，简洁地表现。

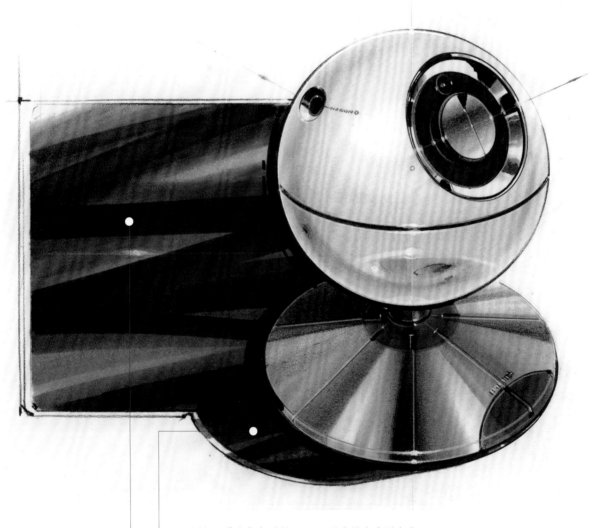

用红、紫和灰色系的 COPIC 马克笔在水平方向
重叠描绘，简洁地表现背景和阴影面

备注：背景的表现方法并不固定，为了快速完
成，作水平、垂直和斜方向往复涂描较为方便。

纺织物预备机的概略草图

这是设计开发过程中造型研究阶段描绘的草图中的一幅。

在 A3 大小的插图纸（具渗透性）上用红色和蓝色的 COPIC 马克笔等表现。

背景用绿色和黄色的 COPIC 马克补充墨水重叠涂绘进行简洁的表现。

将棉片或餐巾纸折叠后用金属文件夹夹住，蘸上喜欢的 COPIC 马克补充墨水的稀释液，纵向往复重叠涂描，进行简洁的表现

这里使用的是黄色、绿色和灰色的 COPIC 马克补充墨水

在背景里贴上喜欢的文字（这里贴的是"mdp"）

在背景描绘结束后，使用透明胶带或 3M 胶带等将粘贴的"mdp"文字剥离

数码产品的草图

这是手机开发过程中设计确定阶段描绘的展示草图之一。

在 A3 大小的插图纸（具渗透性）上用灰、红、蓝色系的 COPIC 马克和灰色、蓝色色粉等表现。

背景用蓝、灰色系其他的 COPIC 马克补充墨水进行滴洒表现。

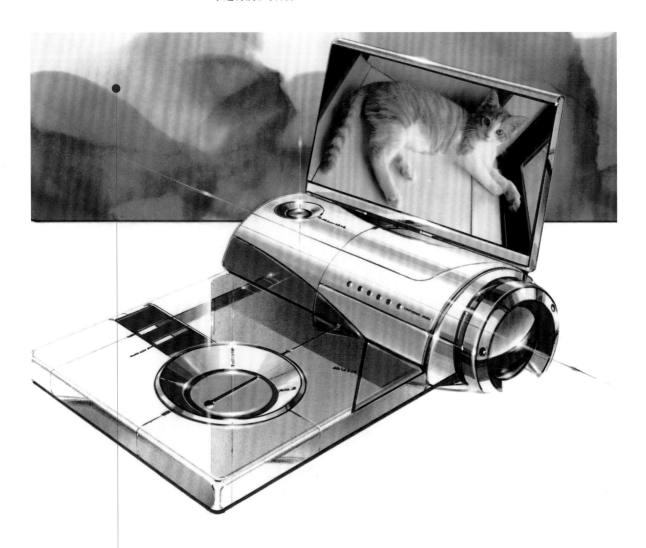

首先将数码产品的周围和背景用遮蔽胶带和遮挡的胶片等进行遮挡

接着将自己喜欢色彩的 COPIC 马克补充墨水适当稀释后滴洒到背景范围内的纸上进行描绘

这里使用的是蓝色、灰色和浅紫色的 COPIC 马克补充墨水

用滴洒 COPIC 马克补充墨水的方法形成的具有偶然性的背景效果

文具（打孔机）的设计草图

这是在设计开发过程的设计研究阶段绘制的
展开草图之一。

在 A3 大小的插图纸（具渗透性）上用灰、紫
和蓝色系的 COPIC 马克笔描绘表现（使用
COPIC 喷枪）。

此外，背景也用蓝、紫和灰色系等 COPIC 马
克表现（机身同样使用喷枪描绘）。

将文具（打孔机）的周围及背景范围用遮蔽
胶带和遮挡胶片等遮挡好，然后将自己喜欢
颜色的 COPIC 马克笔安装在 COPIC 马克喷
枪上，在离开纸面 20~30cm 处向纸面喷绘

备注：背景的描绘方法并无一定之规，这里是
用马克喷枪作垂直方向重叠描绘表现。

台钟的设计草图

这是为设计制图技法书绘制的设计草图之一。
在 A3 大小的插图纸（具渗透性）上使用灰色、
蓝色等 COPIC 马克来表现（也使用了 COPIC
马克喷枪）。
阴影是用牙刷将马克补充墨水擦刷到纸面上
来进行表现。

先将台钟的周围和阴影的范围用遮挡胶带
或胶片等作遮挡处理，然后将喜欢颜色的
COPIC 马克补充墨水稀释后，再用牙刷蘸好
涂在金属网上，慢慢地作圆形擦刷，让墨水
小液滴落到纸面上

5. 色粉笔的基础表现练习

在产品草图中要表现光滑的面，使用色粉笔可以说是最有效的。下面我们就工业设计师最常用的水溶性色粉笔（Prismacolor NuPastel）的基础表现技法作介绍。

面的表现

这里介绍在工业设计草图中最常用的面的表现方法。

用喜欢颜色的色粉笔直接在纸面上画粗线。

用手指或餐巾纸擦拭粗线，能简单地表现面。

将色粉笔的色粉用刀子刮到硫酸纸上。

用折叠的餐巾纸或棉片蘸上粉末状色粉，在别的纸上擦涂晕染来表现面。

使用橡皮或橡皮胶，可将色粉擦去。

用色粉表现背景

先确定要描绘的背景的范围，用遮挡胶带纸或硫酸纸作遮挡处理。
准备好喜欢的几种颜色的色粉笔（这里准备的是紫、蓝、绿和黑色）和马克溶剂。

选择喜欢颜色的色粉笔，直接在纸面上涂描（这里是作纵向和斜向的涂描）。

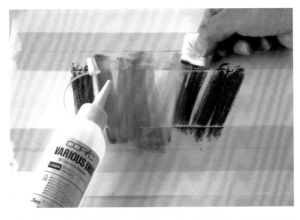

将马克溶剂（酒精或苯均可）滴在涂布处，趁溶剂未干之前，用折叠的餐巾纸或棉片进行纵向和斜向的晕染表现。

因溶剂没有黏合作用，故溶剂一干，色粉就容易从画面上脱落。可用色粉固定液喷在上面，使色粉固定。

将遮挡胶带或硫酸纸等剥离，背景即完成。

色粉的混色练习

将不同色彩的色粉在纸面上进行晕染练习。

用小刀将喜欢的颜色的色粉笔（这里是红、蓝和黄三原色）刮成粉末。

备注：假如色粉笔太短，可以在金属网上磨成粉末使用。

将粉末状的色粉沾在手指上，在别的纸上作晕染表现（这里是三原色重叠涂描）。

备注：用折叠的餐巾纸沾上色粉在别的纸上涂抹，颜色会浅一点；用手指沾上色粉涂抹则会浓一些。
此外，涂抹结束后，要用色粉固定液喷涂，将色粉固定在纸面上。

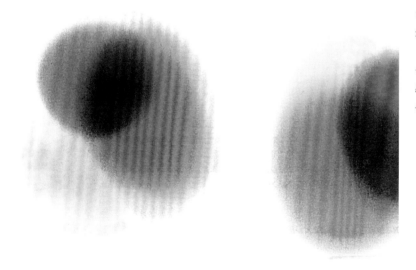

色粉虽不具有马克混色那样的透明感，但色粉混合涂抹后仍能得到透明效果。

备注：这里是使用红、黄、蓝三原色混色而成，还可使用不同的色粉进行各种混色尝试练习。

用色粉表现立体（长方体）

应用前面掌握的用色粉表现面的方法，进行立体（长方体）的表现练习。

在插图纸上使用色粉（PRISMACOLOR NUPASTEL）描绘两种长方体。

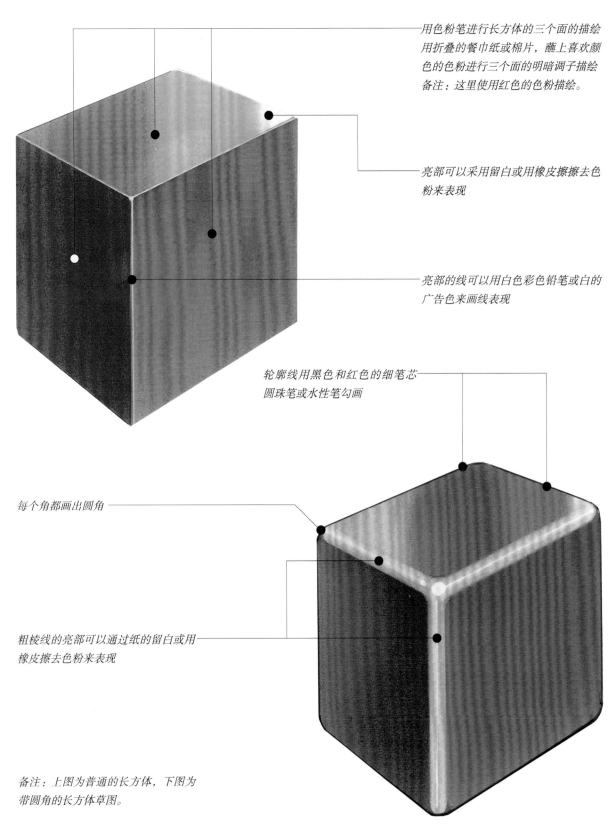

用色粉笔进行长方体的三个面的描绘
用折叠的餐巾纸或棉片，蘸上喜欢颜色的色粉进行三个面的明暗调子描绘
备注：这里使用红色的色粉描绘。

亮部可以采用留白或用橡皮擦擦去色粉来表现

亮部的线可以用白色彩色铅笔或白的广告色来画线表现

轮廓线用黑色和红色的细笔芯圆珠笔或水性笔勾画

每个角都画出圆角

粗棱线的亮部可以通过纸的留白或用橡皮擦去色粉来表现

备注：上图为普通的长方体，下图为带圆角的长方体草图。

用色粉描绘的产品草图实例

在绘制产品草图时要表现光滑的表面，使用色粉最有效果。以下是用两张用色粉表现产品面的草图。

滑雪靴的效果图

在 A3 大小的 VR 纸（与硫酸纸类似的纸）上用色粉笔和马克笔等用具描绘。

这种纸有适度的半透明性，因此可以从正反两面涂布色粉，能表现微妙的中间色。

备注：用圆珠笔、水性笔和马克笔的绘制一结束，就可将折叠的餐巾纸蘸上色粉后作靴体的面的表现。

靴子的亮部可以用留白或用橡皮擦擦去色粉来表现。

化妆瓶和口红的效果图

下图是在 A3 大小的 VR 纸上用色粉笔和马克笔等描绘的。

这种 VR 纸有适度的半透明性，可以从纸的正反两面进行色粉的描绘，能产生微妙的中间色效果。

备注：这张效果图有效利用了色粉和 VR 纸的特点，表现了化妆瓶和口红的金属感、透明感和光泽等质感。这幅效果图是作为学生质感表现练习的示范教材而绘制的。

4.2　透视图

透视图是将映入人眼中的对象物在平面上表现出来的方法，是从古代的线远近法经过各种各样的过程发展而来。该方法以古希腊的线远近法为起源，之后经历了各种发展过程，如今作为半体系化的一种画法而固定下来。

设计师进行造型展开、通过草图将设计传达给他人时，透视图是极其有效的表现手段。

透视技法最早的应用是在建筑领域，在图学领域占有一定的位置。当时的透视技法比较复杂而且存在作图误差较大的缺点。另一种叫作 Free Hand 的透视图（凭感觉表现的透视图），由于是通过作图者的经验，熟练地判断物体的大小、灭点、进深、视点等，可以迅速地作图，因而实用性强，在工业设计领域应用广泛。

本书收录的效果图大多是通过这种"凭感觉"表现的透视图法来完成的。

1. 设定表现对象的最佳透视角度

我们可以从不同的透视角度表现同一设计的闹钟。

A 图是从 3 个面（正面、侧面、顶面）的面积看起来相同的角度所描绘的透视图，而面缺乏变化，没有吸引力。与此相比，B 图 3 个面（正面、侧面、顶面）的面积大小都有变化，画面表情富于变化，草图具有很强的表现力。此外，由于加大了最希望表现的正面部分的面积，也让人容易理解细部的设计。

如上所述，要从多个角度观察描绘的对象，发现最佳的视角设定为透视角度，这是绘制最具表现力的设计效果图的先决条件。

A 图 *正面、侧面、顶面的面积几乎相等的透视角度描绘的闹钟透视图。* *草图是在白色插图纸上用圆珠笔、黑色水性签字笔和红色、蓝色马克笔绘制而成。*	*B 图* *改变了 3 个面的面积进行的表现，闹钟的表情富于变化，草图视觉效果好。* *在白色插图纸上用黑色圆珠笔、黑色水性签字笔和红色、蓝色马克笔绘制而成。*

A 图

B 图

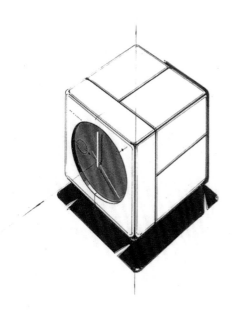

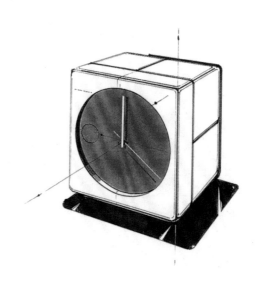

2.设定表现对象的最近角

若将表现的对象物远离视心（VC），如B图那样放置的话，那么最近的N角则成锐角，图像形态会发生扭曲变形。

为了不出现扭曲的形态，则如A图所示，必须将最近角N设定为90°以上。

此外，即使在凭感觉描绘透视图的场合，也必须将最近角设定为90°以上。

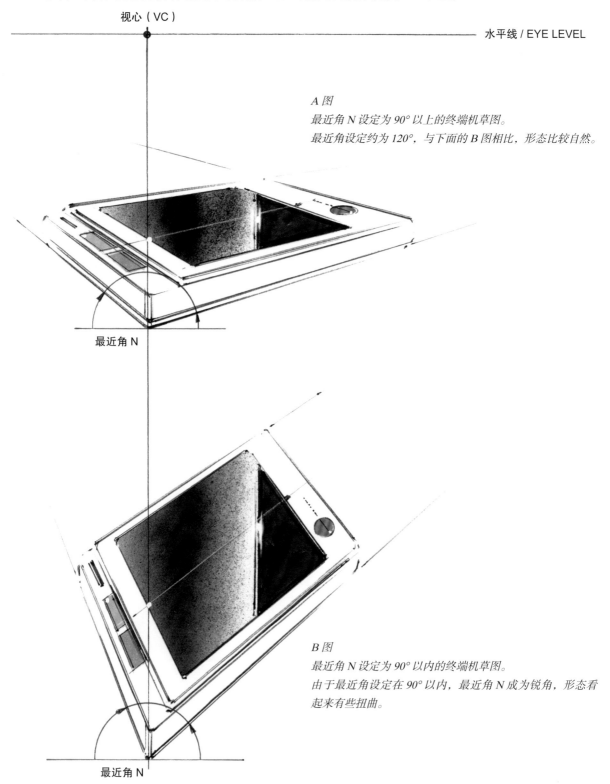

视心（VC）

水平线 / EYE LEVEL

A图
最近角N设定为90°以上的终端机草图。
最近角设定约为120°，与下面的B图相比，形态比较自然。

最近角N

B图
最近角N设定为90°以内的终端机草图。
由于最近角设定在90°以内，最近角N成为锐角，形态看起来有些扭曲。

最近角N

3. 表现对象的大小

同样大小的对象物（长方体），若放在水平线之上，看上去像建筑物的大小（图中 a）；若平齐于水平线放置，则长方体的三个面中有一个看不见，故不能作为长方体来强调，其大小看起来如衣柜一般（图中 b）；若放在水平线之下，看起来就如同放在桌子上的物品那样大小（图中 c）。

工业设计师描绘的对象物通常不是很大，如图中 c 那样放在水平线之下的位置来表现（从上往下看的角度）最为合适。

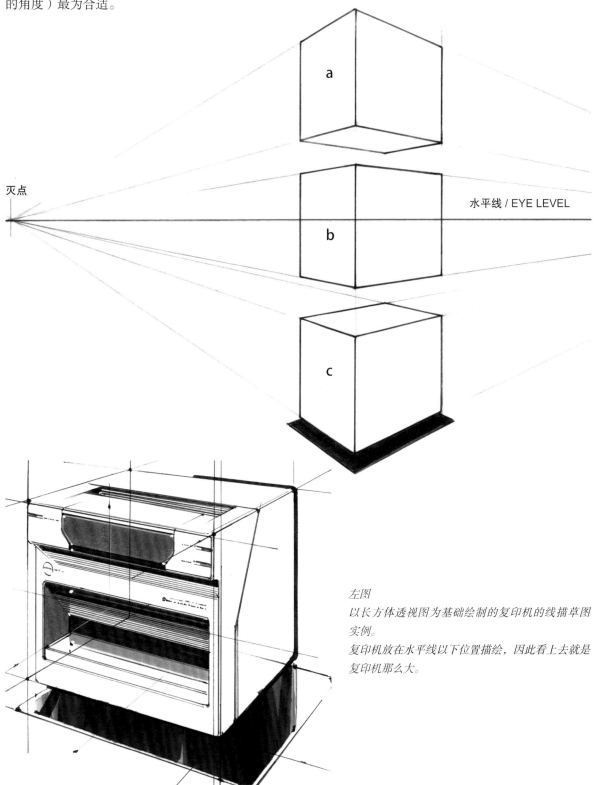

灭点

水平线 / EYE LEVEL

a

b

c

左图
以长方体透视图为基础绘制的复印机的线描草图
实例。
复印机放在水平线以下位置描绘，因此看上去就是
复印机那么大。

4. 多布林（Jay Doblin）的透视法及其应用

如前所述，明确设定图的视角、比例和大小，能正确地作图。下面介绍在工业设计领域应用最多的 Jay Doblin 的平行透视画法、45°透视画法、30°~60°透视画法。

平行透视画法（一点透视画法）

重点要表现物体的正面，表现室内和机械的内部的时候，使用这种画法较为有效。

这种画法只有一个灭点，易于理解。

（1）在水平线上确定灭点 VPL、VPR，取其中点为 VC（视心）；

（2）画与水平线平行的立方体正面下边线 AB；

（3）算出立方体高度 C，画出立方体的正面图；

（4）从 VPL 向 B 引透视线，连接 VC 与 A，确定透视线的交点 D；

（5）从 D 引水平线，确定立方体后面的棱边长度；

（6）根据从 D 作的垂直线和透视线的交点，完成立方体。

如果立方体的上、下、左、右面都远离 VC，容易显得歪斜。因此将描绘物放在 VC 的附近来表现很重要。

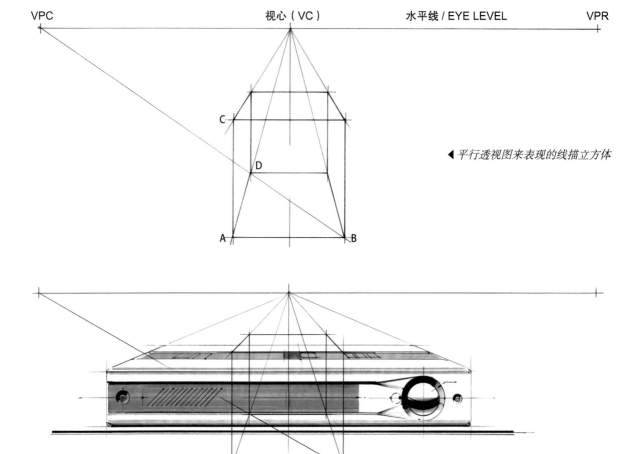

◀ 平行透视图来表现的线描立方体

用平行透视画法描绘的投影仪

平行透视图是为了表现描绘对象的正面的画法，物体的顶面和侧面则不好表现。

绘制具有正面造型特征的产品的草图很有效果。

在任意大小的插图纸上用黑色圆珠笔、水性笔和彩色铅笔线描后，使用 COPIC 灰色系马克笔 No.1~ No.10（黑）简洁地表现正面部分和镜头等部分。如有必要，照明灯等细节可以用彩色表现。

45° 透视画法

45° 透视画法是以立方体下底面的对角线为基础，完成直立的立方体的画法。当需要表现对象物的两个侧面时，45° 透视画法效果最好。

（1）画一条水平线，在线上定出灭点 VPL、VPR；

（2）找出 VPL 和 VPR 的中点 VC（视心）；

（3）由 VC 以任意角度（S）引出正方形下底面的对角线；

（4）由 VPL、VPR 向对角线以任意角度引透视线，确定最近角 N；

（5）作与最近角 N 任意距离的水平对角线，交透视线于点 D、C；

（6）从 D 向 VPL、从 C 向 VPR 引透视线，画出立方体下底面的透视图；

（7）从底面的各个顶点向上作垂直线；

（8）将点 C 绕点 D 逆时针旋转 45°，得到 X 点；

（9）通过点 X 作水平线，即立方体上底面的对角线，求得立方体的对角面；

（10）通过各点引透视线，绘制出立方体的上底面，从而完成立方体的绘制。

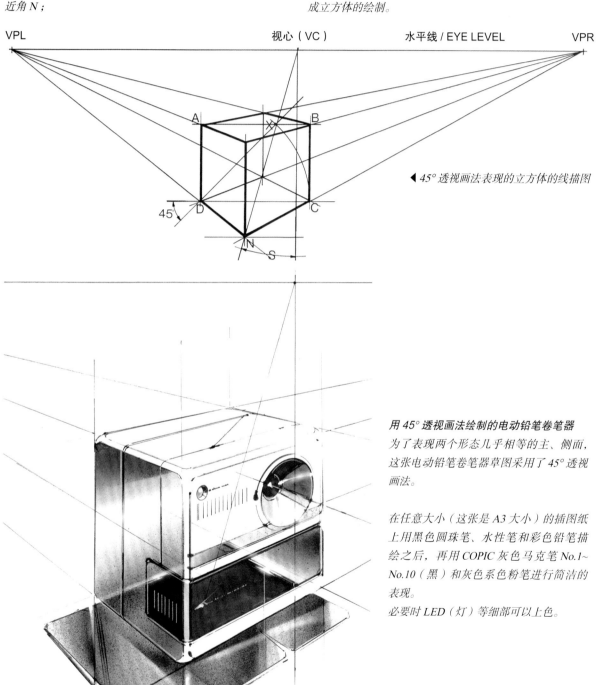

VPL　　　　　　　视心（VC）　　水平线 / EYE LEVEL　　　VPR

◀ 45° 透视画法表现的立方体的线描图

用 45° 透视画法绘制的电动铅笔卷笔器

为了表现两个形态几乎相等的主、侧面，这张电动铅笔卷笔器草图采用了 45° 透视画法。

在任意大小（这张是 A3 大小）的插图纸上用黑色圆珠笔、水性笔和彩色铅笔描绘之后，再用 COPIC 灰色马克笔 No.1~No.10（黑）和灰色系色粉笔进行简洁的表现。

必要时 LED（灯）等细部可以上色。

30°~60° 透视画法

当重点表现一个侧面时，30°~60° 透视画法最为有效。

此外，对于其他的面，根据所取的视点也可进行一定的表现。

（1）画出水平线并定出线上灭点 VPL、VPR；

（2）在两个灭点的中点取测点 MPY；

（3）取 MPY 和 VPL 的中点为 VC（视心）；

（4）在 VC 和 VPL 的中点取测点 MPX；

（5）从 VC 引垂直线，在任意位置定出长方体的最近角 N；

（6）引一条通过 N 的水平线 ML 作为基准线；

（7）确定长方体的高度 NH；

（8）在 ML 线上定出长方体的横幅长度 NX；

（9）在 ML 线上定出长方体的进深长度 NY；

（10）从 N、H 分别向左、右灭点引透视线；

（11）分别连接 MPX 和 X、MPY 和 Y，定出透视线交点，用透视线的交点定出长方体的横宽和进深；

（12）从长方体的 4 个顶点分别作垂直线，完成长方体。

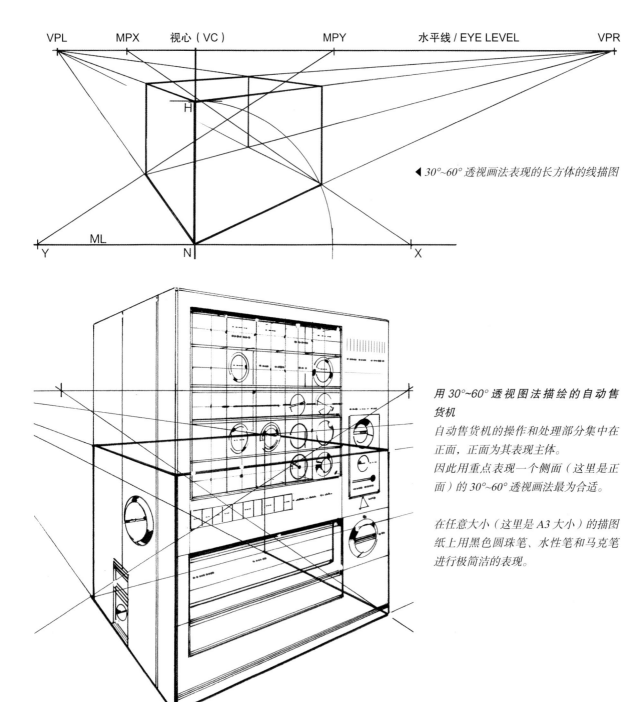

▲ 30°~60° 透视画法表现的长方体的线描图

用 30°~60° 透视图法描绘的自动售货机

自动售货机的操作和处理部分集中在正面，正面为其表现主体。

因此用重点表现一个侧面（这里是正面）的 30°~60° 透视画法最为合适。

在任意大小（这里是 A3 大小）的描图纸上用黑色圆珠笔、水性笔和马克笔进行极简洁的表现。

4.3 工业设计草图实例

在第3章，是用平面造型（草图、制图等）来图说使用的工具；第4章之后则先图说各种用具的基础表现和透视图法，进而再介绍产品草图的实践。

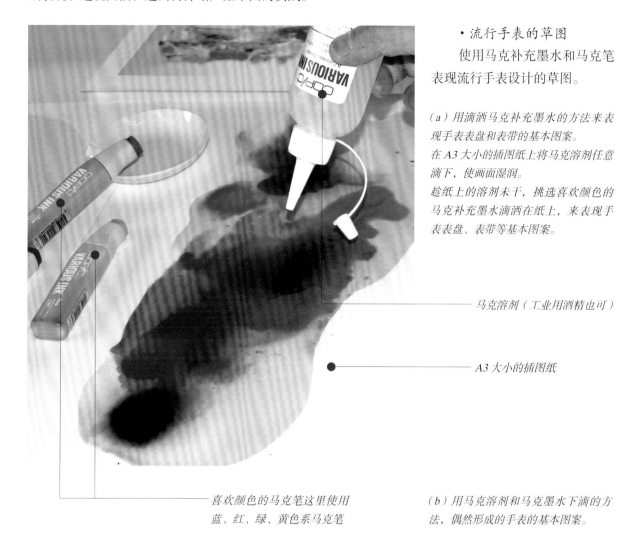

・流行手表的草图

使用马克补充墨水和马克笔表现流行手表设计的草图。

（a）用滴洒马克补充墨水的方法来表现手表表盘和表带的基本图案。
在A3大小的插图纸上将马克溶剂任意滴下，使画面湿润。
趁纸上的溶剂未干，挑选喜欢颜色的马克补充墨水滴洒在纸上，来表现手表表盘、表带等基本图案。

马克溶剂（工业用酒精也可）

A3大小的插图纸

喜欢颜色的马克笔这里使用
蓝、红、绿、黄色系马克笔

（b）用马克溶剂和马克墨水下滴的方法，偶然形成的手表的基本图案。

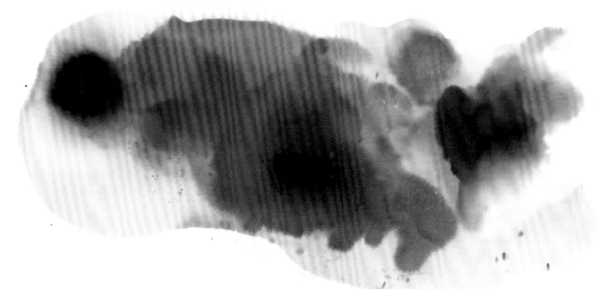

（c）绘制手表的底稿。

在白纸（A3 大小）上用圆珠笔和黑色彩色
铅笔，在构思草图中选择理想的设计稿为
基础进行手表的线描。
备注：使用圆规和直尺。

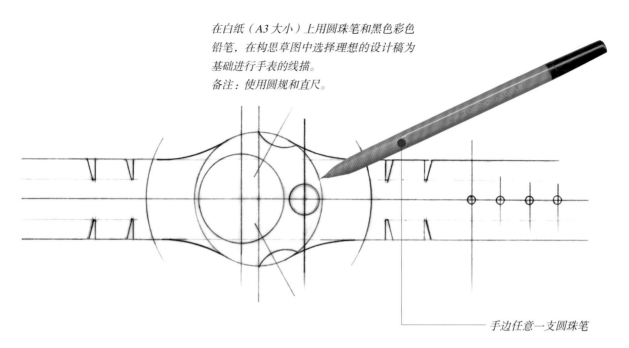

手边任意一支圆珠笔

（d）在完成的底稿背面用黑的色粉笔涂布。

在（b）中绘好的手表基本图案上选择喜欢
的位置，将底稿覆上，用硬圆珠笔或硬铅
笔将手表复制到基本图案上。
然后用黑色圆珠笔和黑色细描马克笔加强
手表轮廓线和细部的描绘。圆的部分可用
万能圆规夹住马克笔进行描绘。

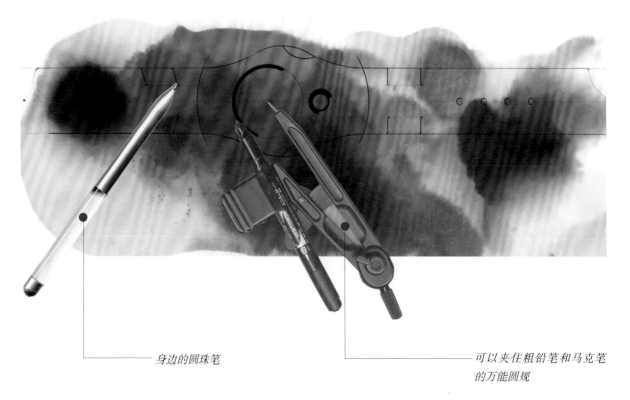

身边的圆珠笔

可以夹住粗铅笔和马克笔
的万能圆规

（e）小圆窗和表带上的小孔等细部可以
用黑色马克笔涂描后，再用削尖的白色
彩色铅笔简洁地刻画亮部的线、细部和
轮廓线等。

备注：直线可以用直尺，圆可以用圆孔
板和圆规，曲线可用曲线板进行表现。

黑色马克笔

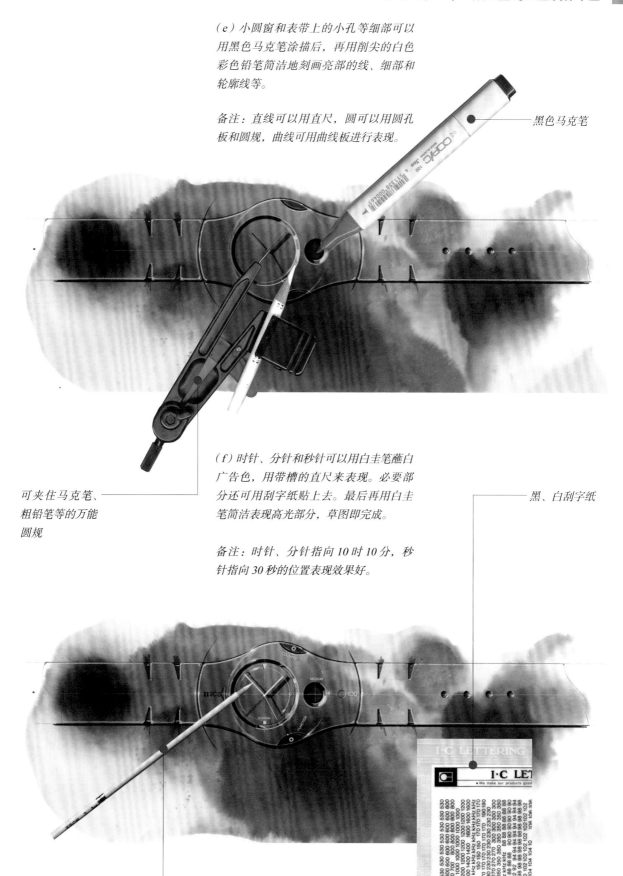

可夹住马克笔、
粗铅笔等的万能
圆规

（f）时针、分针和秒针可以用白圭笔蘸白
广告色，用带槽的直尺来表现。必要部
分还可用刮字纸贴上去。最后再用白圭
笔简洁表现高光部分，草图即完成。

黑、白刮字纸

备注：时针、分针指向10时10分，秒
针指向30秒的位置表现效果好。

蘸有白广告色的
白圭笔

（g）在绘图基本完成后，要再仔细观察整体效果，如有必要可进行适当的修改，加强细部描绘，然后将完成的手表草图用剪刀或小刀刻出。

美工刀

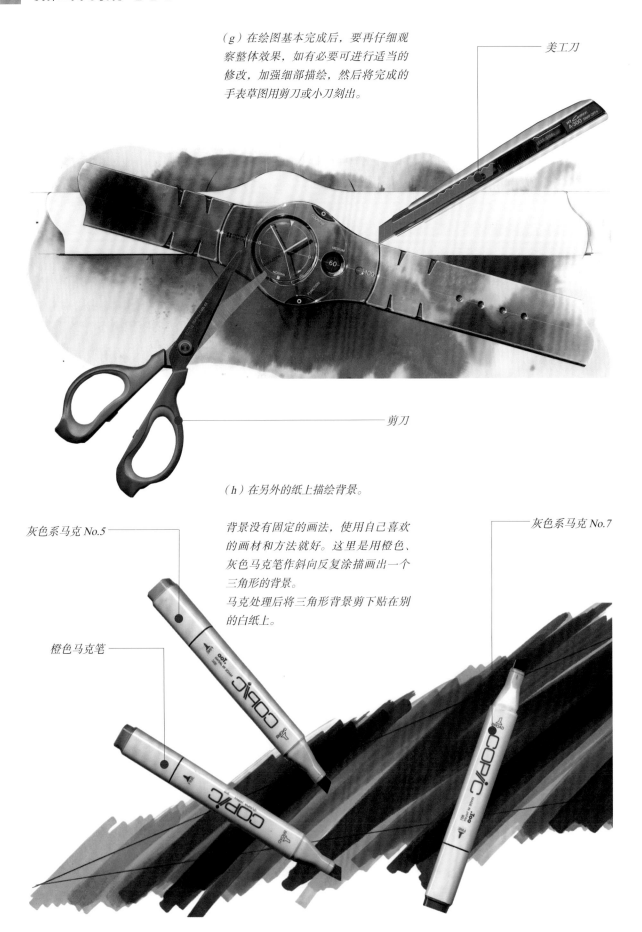

剪刀

（h）在另外的纸上描绘背景。

灰色系马克 No.5

背景没有固定的画法，使用自己喜欢的画材和方法就好。这里是用橙色、灰色马克笔作斜向反复涂描画出一个三角形的背景。
马克处理后将三角形背景剪下贴在别的白纸上。

灰色系马克 No.7

橙色马克笔

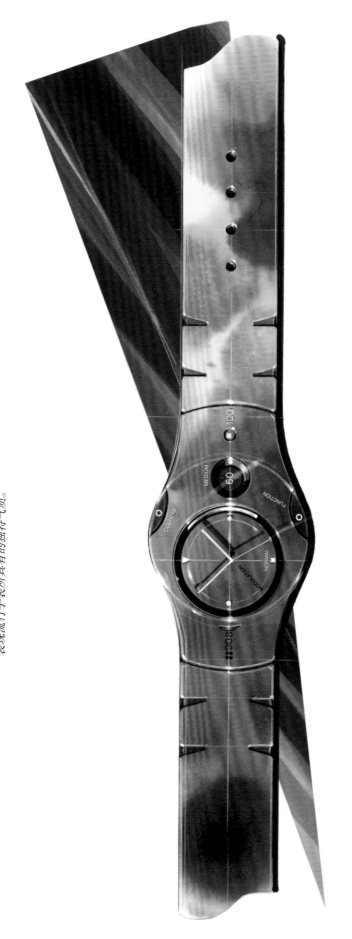

（i）在上一步画出的三角形背景上将手表的草图粘贴在喜欢的位置上，这样带有背景的草图就完成了。

用喜欢的马克笔墨水随意滴下形成的图案作为手表的基本图案，也许更能表现流行手表所具有的独特气质。

【流行手表的草图复习要点】

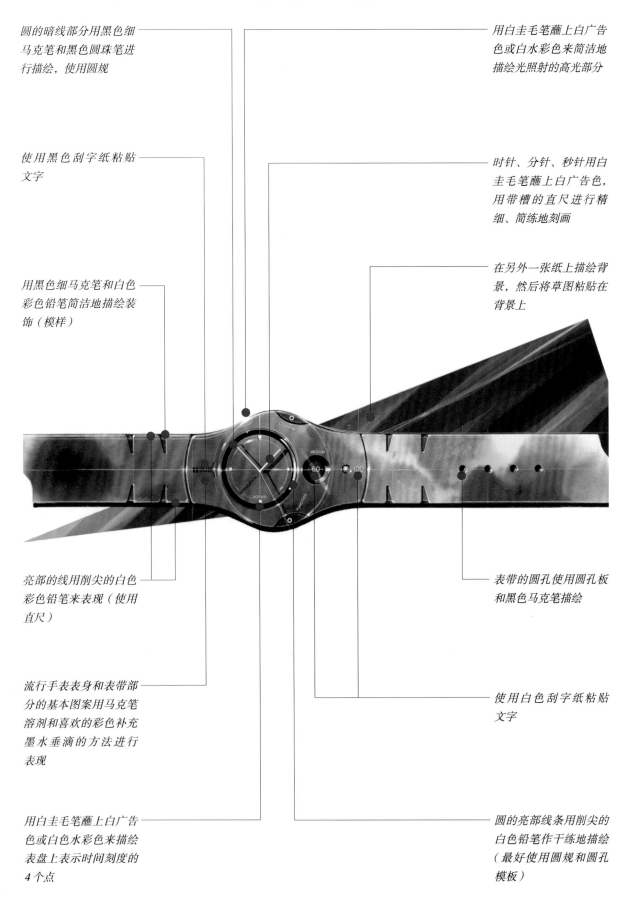

圆的暗线部分用黑色细马克笔和黑色圆珠笔进行描绘，使用圆规

使用黑色刮字纸粘贴文字

用黑色细马克笔和白色彩色铅笔简洁地描绘装饰（模样）

用白圭毛笔蘸上白广告色或白水彩色来简洁地描绘光照射的高光部分

时针、分针、秒针用白圭毛笔蘸上白广告色，用带槽的直尺进行精细、简练地刻画

在另外一张纸上描绘背景，然后将草图粘贴在背景上

亮部的线用削尖的白色彩色铅笔来表现（使用直尺）

流行手表表身和表带部分的基本图案用马克笔溶剂和喜欢的彩色补充墨水垂滴的方法进行表现

表带的圆孔使用圆孔板和黑色马克笔描绘

使用白色刮字纸粘贴文字

用白圭毛笔蘸上白广告色或白色水彩色来描绘表盘上表示时间刻度的4个点

圆的亮部线条用削尖的白色铅笔作干练地描绘（最好使用圆规和圆孔模板）

· 汽车设计草图

利用 VR 纸（半透明、与硫酸纸十分相似的纸）的特点描绘的草图。

（a）描绘汽车草图的底稿。

使用圆珠笔和彩色铅笔等喜欢的文具，在任意白纸（这里
使用的是 A3 复印纸）上绘制汽车的正面线描图。
备注：使用曲线板、直尺和圆规等工具。

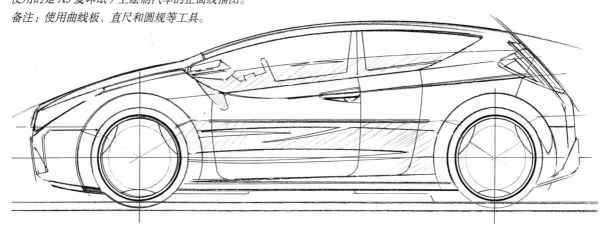

（b）在画好的线描底图上覆上 VR 纸，用圆珠笔和水性的
细笔描绘轮廓线和反射倒影部分。
备注：直线用直尺，圆用圆规和圆孔模板，曲线用曲线板
描绘。

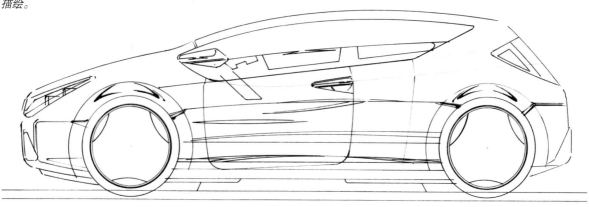

（c）从 VR 纸的背面进行马克笔处理。
使用 COPIC 灰色系马克笔 No.4~No.7 描绘车身、车窗和车
轮金属部分上的反射倒影。

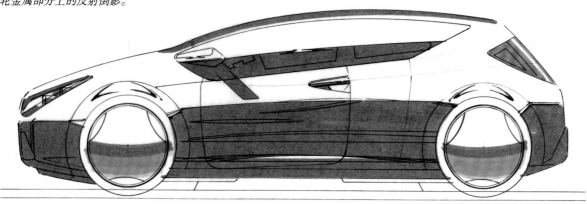

（d）使用黑色马克笔在 VR 纸的表面描绘浓的倒影、暗部和
细部等，加强草图画面效果。

（e）从纸的正、反面涂色粉。
用折叠的餐巾纸蘸上喜欢的粉状色粉，简洁地涂描车身和
窗面部分，亮部留白或用橡皮擦去色粉来表现。
备注：表现光滑面时，可以在色粉中混入 20% 的爽身粉，
效果更好。

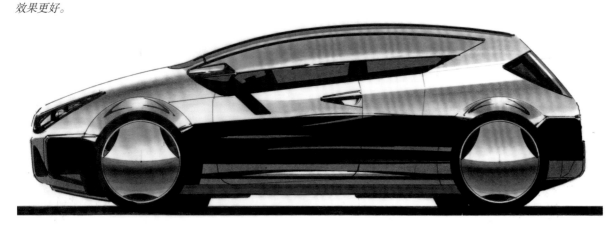

（f）必要时可用黑色彩色铅笔或黑色细描笔补充描绘分割线
和轮廓线，再用削尖的白色彩色铅笔简洁地描绘亮部的光
的分割线和细部等，最后用白广告色或修正液极其简洁地
描绘亮部的高光点，草图即完成。
备注：直线用直尺，圆用圆规和圆孔模板，曲线用曲线板
表现。

（g）描绘背景。先确定背景描绘的范围。用专用胶带纸粘贴遮挡。然后将喜欢的马克笔装在喷枪上，向背景喷绘表现。接着将汽车草图切割后粘贴在背景上。带背景的汽车草图就完成了。

（h）这是在另外的纸上进行的汽车轮毂设计的草图。完成的轮子金属部分，可以粘贴在汽车草图的前、后轮上。

用蓝的色粉表现天空的反射

用黑马克描绘暗部

高光部分用白广告色表现

亮部可以留白处理

圆线部分用圆规和圆孔板描绘

用冷灰色马克表现金属质感

（i）汽车整体车身设计完全相同，但轮毂部分一改变，设计看起来明显不同。

【汽车草图的复习要点】

高光点部分用白广告色
或修正液简洁地描绘

用粉状的蓝色色粉进行
晕色涂描表现天空的
反射

亮部可以用留白或擦去
色粉来表现

车窗的反射可以在纸的
背面用灰色系马克笔来
描绘

车窗亮部的光的反射可
以用留白或擦去色粉来
表现

背景用彩色马克笔装在
喷枪上向画面喷绘表现

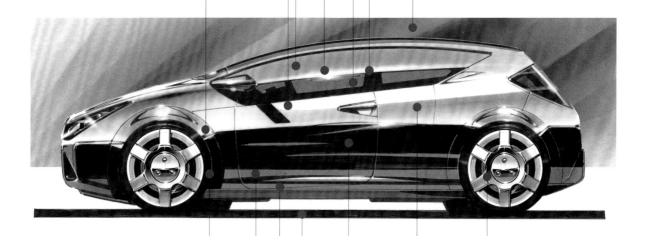

车轮部分用黑色马克
笔平涂进行简单的表现

车身下部的反射用灰色
系马克笔涂描表现（从
纸的背面进行）

用黑色马克笔画出地面
以增加画面的稳定感

轮毂在别的纸上画好以
后，剪下来粘贴在汽车
草图上

用粉状的蓝色色粉晕涂
来表现车身的面

用黑色马克笔描绘最深
部分的反射，来增强草
图的画面效果

· 木纹台草图

用色粉表现木纹的质感最合适。

（a）确定设计的木桌的透视角度，在 A3 大小的插图纸上，
用圆珠笔或水性笔等来描绘。

这里是用 0.2mm 和 0.3mm 的圆珠笔进行线描表现。

备注：直线部分用直尺肯定地表现。

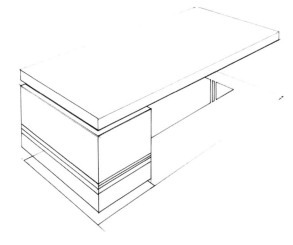

（b）用黑色马克笔描绘阴影部分的细部后，用专用胶带
将木纹板的周围遮挡住，再直接用黄色和茶色系色粉涂
描木纹板面，进而再用餐巾纸或手指在木纹板面上擦拭。

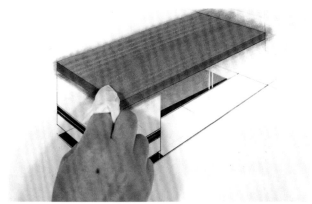

（c）使用黑色粉描绘木纹。

用黑色色粉笔的角轻轻地画横线，再用手指作横向晕抹，
就可简单地表现木纹质感。

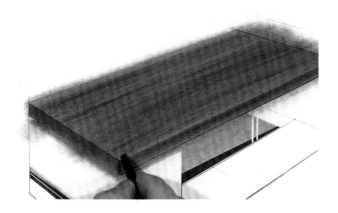

（d）表现木纹板上的反射。

用描图纸遮挡木纹板，留出反射部分，用餐巾纸或软橡
皮轻轻擦拭即可得到明亮的反射倒影。

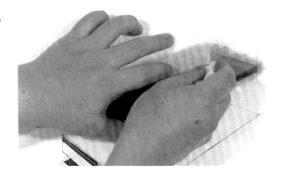

（e）色粉处理结束后，喷上色粉固定液，将画面固定。
右图是色粉处理后，将遮挡的胶带取走后的效果。

（f）用削尖的白色彩色铅笔和直尺用力刻画亮部的线。
必要的话，用白广告色简洁地表现高光部分。

（g）完成的木纹台设计草图。
备注：木纹台的其他部分省略表现。

• **手电筒草图**

这是工业设计过程中造型比较研究阶段所描绘的草图。

以圆筒形（基本形态）为基础进行手电筒的设计展开，直至加工成效果图。

（a）绘制底稿。

以构思草图中选出的设计为基础，用黑色彩色铅笔或圆珠笔、水性笔等进行手电筒线描。

从设计的手电筒中选取最美的角度，画出透视图。

直线用直尺、圆用椭圆板、曲线用曲线板进行描绘。

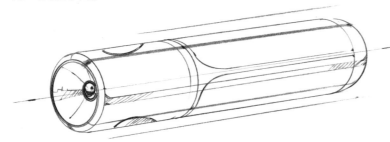

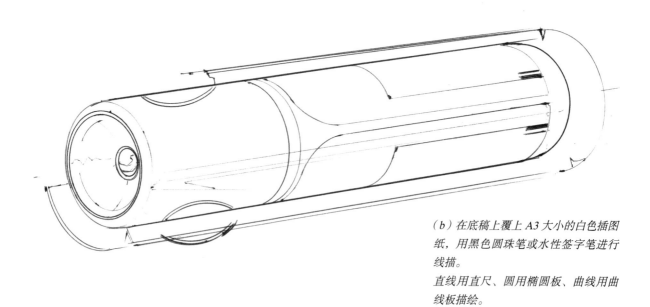

（b）在底稿上覆上 A3 大小的白色插图纸，用黑色圆珠笔或水性签字笔进行线描。

直线用直尺、圆用椭圆板、曲线用曲线板描绘。

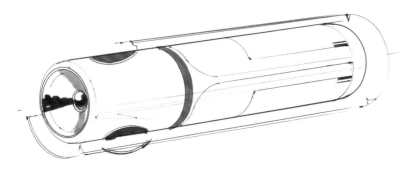

（c）手电筒机身的轮带部分（绿色）、开关部分（红和暗灰）、反射板部分（镜面）用 COPIC 马克笔描绘。

轮带为绿（G07），开关（上）为红（R29），开关（下）为灰色系 No.10。反射板亮部使用灰色 No.4~No.9。直线用直尺、圆用椭圆板、曲线用曲线板描绘。

（d）使用 COPIC 暖灰色马克 No.9～
No.10 围绕手电筒周围描绘背景，突出
手电筒，形成画面。

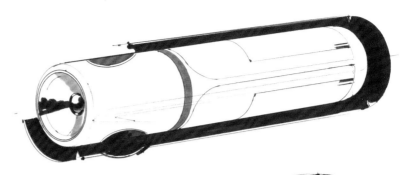

（e）进入色粉处理阶段。
将手电筒的彩色部分（黄色和红色处）
周围用专用胶带纸进行遮挡，然后用
折叠的餐巾纸蘸上黄色和红色系色粉
进行涂描。为了表现出柔滑的感觉，
可以在色粉中加入适当的爽身粉，效
果更好。
色粉处理结束后，要及时给画面喷上
色粉固定液，使色粉固定在画面上。

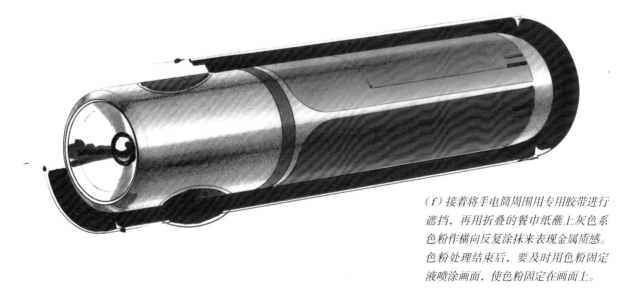

（f）接着将手电筒周围用专用胶带进行
遮挡，再用折叠的餐巾纸蘸上灰色系
色粉作横向反复涂抹来表现金属质感。
色粉处理结束后，要及时用色粉固定
液喷涂画面，使色粉固定在画面上。

（g）用折叠得很小的餐巾纸的尖端蘸上粉状色粉，进行反射投影的晕色表现。

备注：反射板上部用土黄色、下部用天空色（蓝色系色粉）进行晕色表现。

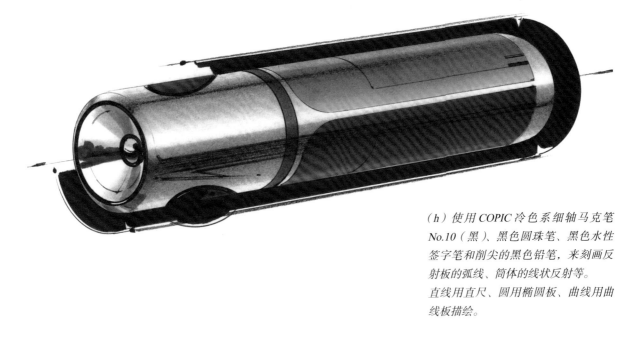

（h）使用COPIC冷色系细轴马克笔No.10（黑）、黑色圆珠笔、黑色水性签字笔和削尖的黑色铅笔，来刻画反射板的弧线、筒体的线状反射等。

直线用直尺、圆用椭圆板、曲线用曲线板描绘。

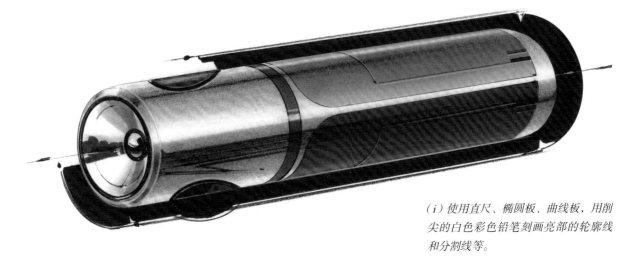

（i）使用直尺、椭圆板、曲线板，用削尖的白色彩色铅笔刻画亮部的轮廓线和分割线等。

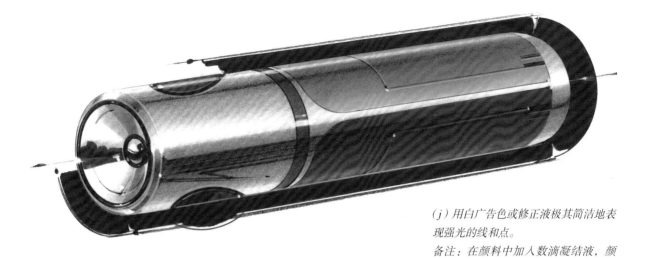

（j）用白广告色或修正液极其简洁地表
现强光的线和点。

备注：在颜料中加入数滴凝结液，颜
料的黏性会变好些。

（k）用削尖的白色和黑色彩色铅笔轻
轻地画出手电筒透明板部分的纵向线。
然后，再描绘手电筒上面小的凹圆和
开关部分的文字。

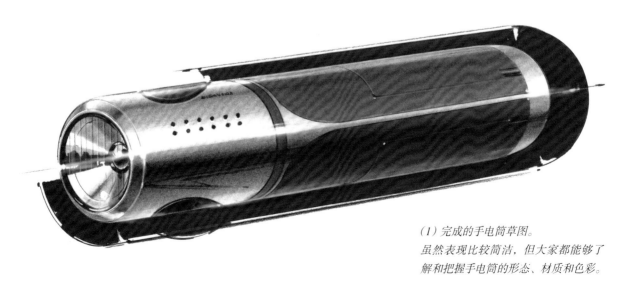

（l）完成的手电筒草图。

虽然表现比较简洁，但大家都能够了
解和把握手电筒的形态、材质和色彩。

· 电动卷笔刀草图

这是在凭感觉描绘的透视图的基础上完成的电动卷笔器的设计草图。

（a）凭感觉描绘的电动卷笔器的基本立方体。
备注：凭感觉选择喜欢的角度，用彩色铅笔和铅笔、圆珠笔等描绘。

（b）绘制底稿。
以凭感觉描绘的立方体为基础，用黑色彩色铅笔、圆珠笔和水性笔等工具进行电动卷笔器的描绘。
直线用直尺、圆用椭圆板、曲线用曲线板画出。

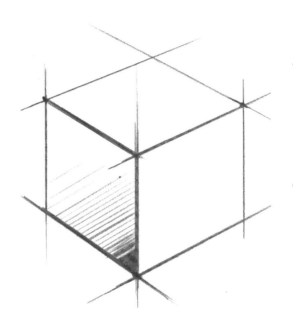
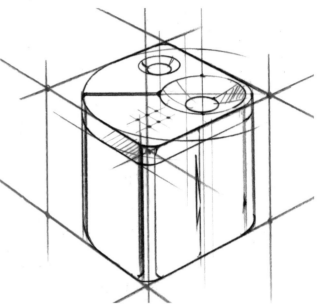

（c）在底稿上覆上 A3 大小的白色插图纸，用黑、红和蓝色圆珠笔及水性签字笔进行轮廓线和细部等线描。
直线用直尺、圆用椭圆板、曲线用曲线板画出。

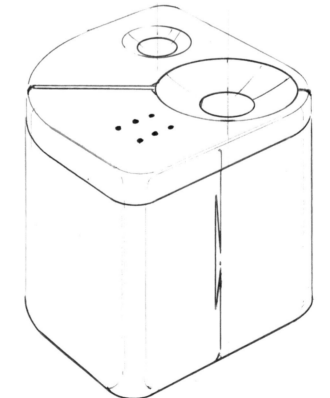

（d）使用 COPIC 灰色马克 No.2~No.10 和红色马克笔来描绘机身的反射倒影和顶盖上的圆。

直线用直尺、圆用椭圆板进行简洁的描绘。

（e）进行色粉处理。

为了防止色粉画到界外，将机身周围用专用胶带纸进行遮挡后，用折叠的餐巾纸蘸上喜欢的色粉，在机身上面作渐变晕涂。

为了更好地涂色粉，可以在色粉中加入 30% 左右的婴儿爽身粉。

色粉处理结束后，及时喷上色粉固定液，将色粉固定在画面上。

（f）用折叠的餐巾纸蘸上蓝色和黑色色粉进行机身下部的平涂表现。

纵向反射倒影的亮部和亮的棱线可以用橡皮擦擦去色粉来表现。

色粉处理后，及时喷上色粉固定液，将色粉固定在画面上。

（g）用削尖的白色彩色铅笔简洁地描绘亮部光的轮廓线、棱线和沟线等。

（h）在另外的插图纸上描绘背景。

用专用胶带纸遮挡在背景的边缘，然后用折叠的餐巾纸或棉片蘸上马克墨水，作纵向往返涂描。背景可选用喜欢的颜色。

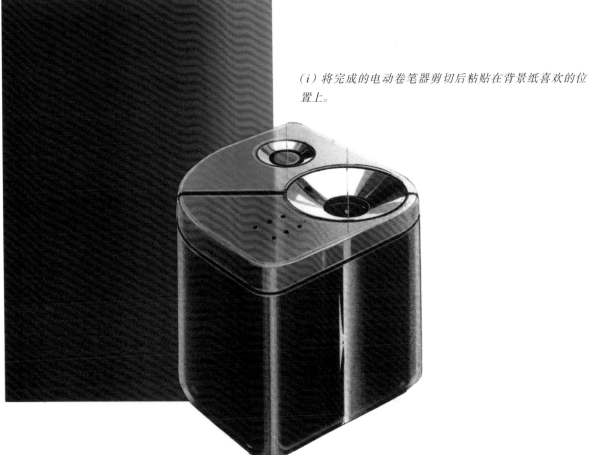

（i）将完成的电动卷笔器剪切后粘贴在背景纸喜欢的位置上。

（j）用白广告色简洁地刻画亮部强光的轮廓线、棱线、沟线和高光点。

直线用带槽的直尺画出鲜明的线条，另外，为了强调亮部的高光点状部分，可以使用笔型的修正液描绘。

至此，电动卷笔器设计草图完成。

备注：完成后应仔细检查画面，有必要的话，再进行修改和补充。

【电动卷笔器的草图复习要点】

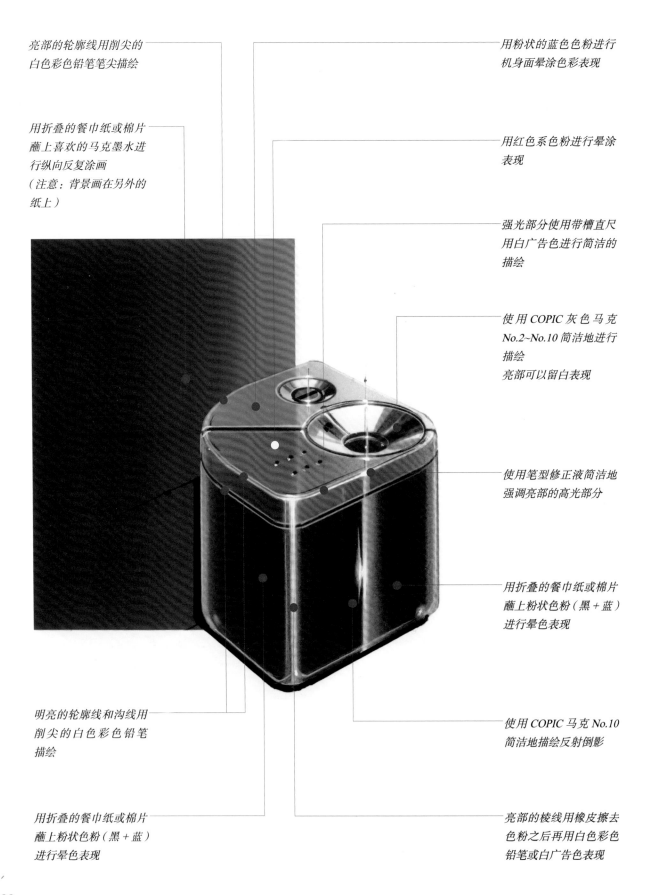

亮部的轮廓线用削尖的
白色彩色铅笔笔尖描绘

用折叠的餐巾纸或棉片
蘸上喜欢的马克墨水进
行纵向反复涂画
（注意：背景画在另外的
纸上）

用粉状的蓝色色粉进行
机身面晕涂色彩表现

用红色系色粉进行晕涂
表现

强光部分使用带槽直尺
用白广告色进行简洁的
描绘

使用 COPIC 灰色马克
No.2~No.10 简洁地进行
描绘
亮部可以留白表现

使用笔型修正液简洁地
强调亮部的高光部分

用折叠的餐巾纸或棉片
蘸上粉状色粉（黑＋蓝）
进行晕色表现

明亮的轮廓线和沟线用
削尖的白色彩色铅笔
描绘

使用 COPIC 马克 No.10
简洁地描绘反射倒影

用折叠的餐巾纸或棉片
蘸上粉状色粉（黑＋蓝）
进行晕色表现

亮部的棱线用橡皮擦去
色粉之后再用白色彩色
铅笔或白广告色表现

• 电话机的草图

这是供设计造型展开练习参考而画的电话机的草图。

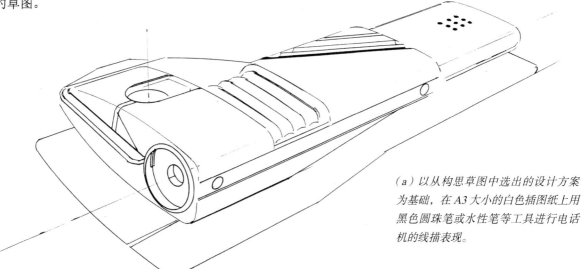

（a）以从构思草图中选出的设计方案为基础，在 A3 大小的白色插图纸上用黑色圆珠笔或水性笔等工具进行电话机的线描表现。

（b）使用马克墨水，同时描绘机身面和背景。

将折叠的餐巾纸或棉片用金属夹夹住，蘸上 COPIC 马克补充液（这里使用红色系墨水），顺着机身的棱线反复作横向涂画。

（c）描绘暗部。

用折叠的餐巾纸或棉片蘸上灰色系 COPIC 马克补充液，用上图所示方法沿着棱线作往复涂画表现。

（d）使用 COPIC 细描马克笔（灰色的 No.9 或 No.10）描绘分割线、黑色细部和影子部分等，增强草图的画面效果。

直线用直尺、曲线用曲线板、圆用椭圆板进行线描表现。

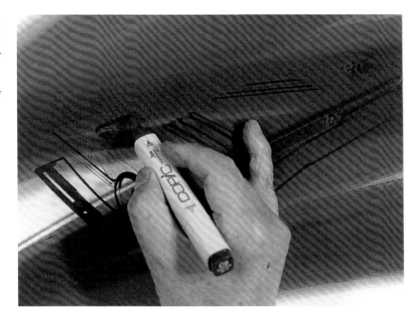

（e）用白色彩色铅笔简洁地描绘轮廓线、分割线和细部。

马克笔难表现的彩色部分，可以用彩色铅笔来刻画。

直线用直尺、曲线用曲线板、圆用椭圆板进行线描表现。

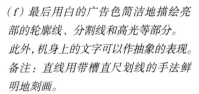

（f）最后用白的广告色简洁地描绘亮部的轮廓线、分割线和高光等部分。

此外，机身上的文字可以作抽象的表现。

备注：直线用带槽直尺划线的手法鲜明地刻画。

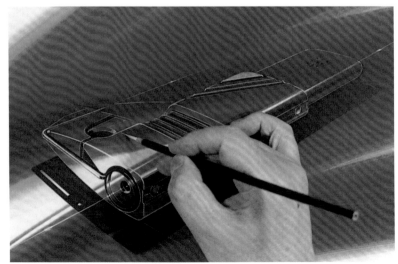

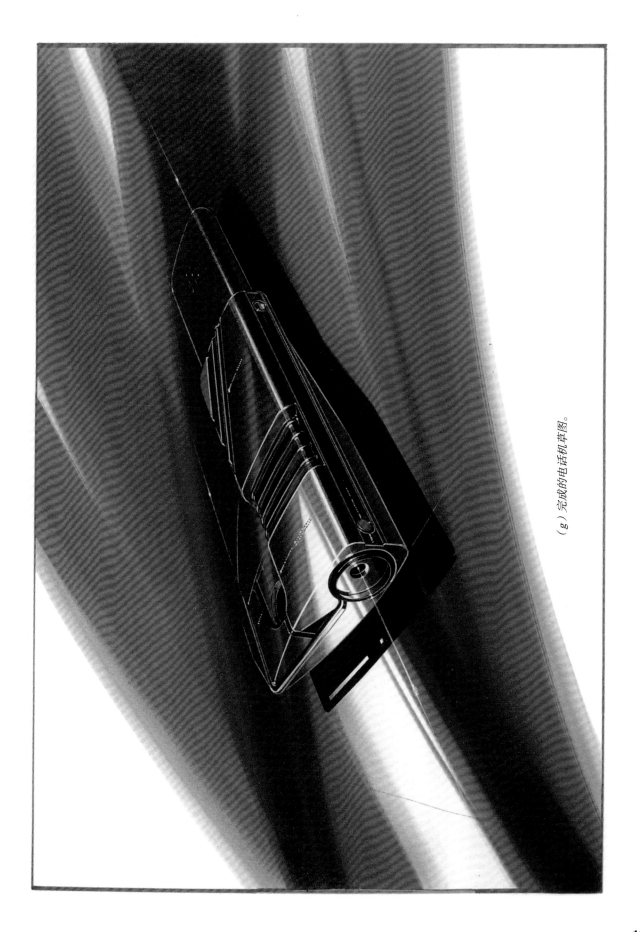

（g）完成的电话机草图。

【特殊电话机草图的复习要点】

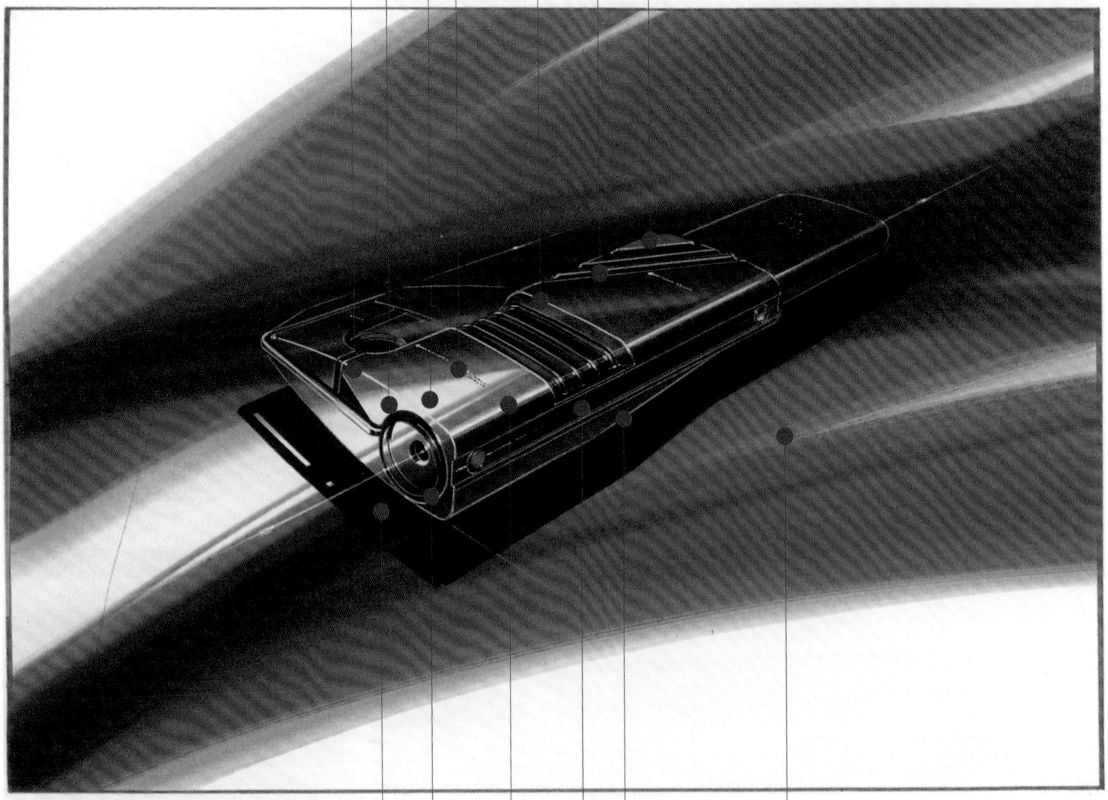

用白圭笔蘸白广告色抽象地描绘小的文字

亮面可留白来表现

亮的轮廓线用白色彩色铅笔描绘

亮线使用直尺类工具，用削尖的白色彩色铅笔描画

分割线和沟线用 COPIC 马克黑色细描笔或水性笔等描画

开关面可使用喜欢的彩色铅笔进行描绘
这里使用蓝色铅笔

影阴部分用 COPIC 马克笔 No.10（黑色）平涂描绘

圆的沟线使用椭圆模板，用黑色马克细描笔或水性笔等描绘

亮部的棱线用白广告色，用带槽直尺划线的手法来刻画表现

用喜欢的 COPIC 马克色彩墨水，同时描绘机身和背影

亮部的轮廓线用削尖的白色彩色铅笔简洁地进行刻画

用 COPIC 马克 No.10（黑色）平涂表现

· 鞋子草图

通常，高光草图是在与对象物所用颜色相同的色纸上描绘。它具有比在白纸上描绘节省上色的优点。本例中鞋子的基本色定为灰黄色，使用与基本色相同的 CANSON 色纸描绘。

（a）描绘底稿。
以从构思草图中选出的鞋子设计草图为基础，在 A3 规格的白纸上用黑色圆珠笔和水性笔等进行鞋子正面的线描。
直线用直尺、曲线用曲线板进行线描表现。

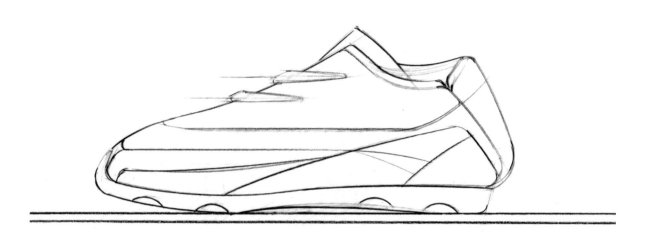

（b）在画好的底稿背面涂上黑色色粉，然后将底稿覆在色纸（A3 规格的灰黄色）上，用圆珠笔和硬铅笔将鞋子的轮廓线和细部复制在色纸上。
直线用直尺、曲线用曲线板进行线描表现。

（c）选择喜欢的马克色给鞋子上色。
这里使用COPIC红色系、绿色系和蓝
色系马克笔来上色。

（d）用黑色COPIC马克笔描绘鞋子
轮廓的粗线以显示草图的立体感与诉
求力。
同时地面水平线也用粗线来描绘，使
画面具有稳定感。
备注：曲线使用曲线板、直线使用直
尺进行描绘。

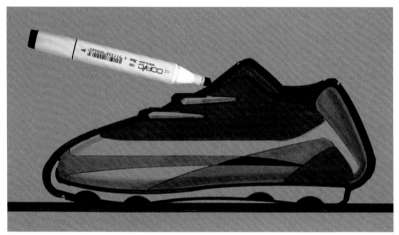
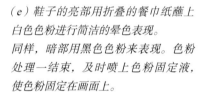

（e）鞋子的亮部用折叠的餐巾纸蘸上
白色色粉进行简洁的晕色表现。
同样，暗部用黑色色粉来表现。色粉
处理一结束，及时喷上色粉固定液，
使色粉固定在画面上。

（f）用削尖的黑色彩色铅笔简洁地描绘分割线、鞋带和细部。
备注：曲线用曲线板、直线用直尺来描绘。

（g）用黑色圆珠笔描绘鞋的车缝线，表现鞋子的特征。
备注：曲线用曲线板、直线用直尺来描绘。

（h）用削尖的白色彩色铅笔描画亮部的线、点、分割线和细部。
备注：曲线用曲线板、直线用直尺细致地描绘。

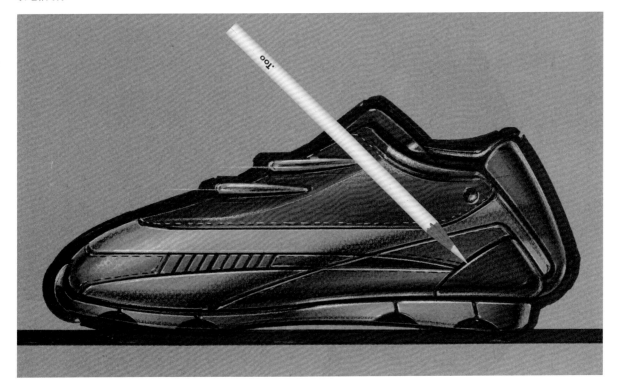

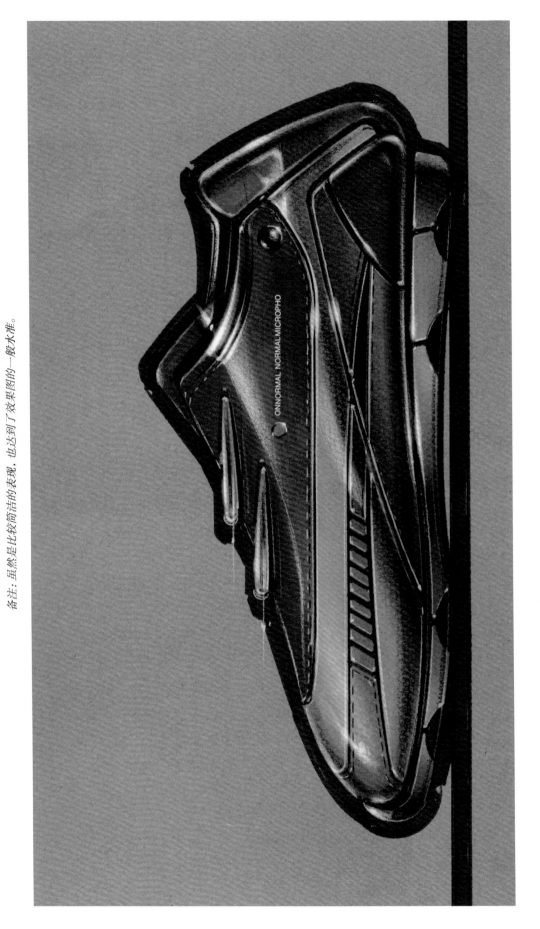

（i）用白广告色或水彩色简洁地描绘鞋帮亮部的线和高光，鞋子的草图即完成。

备注：虽然是比较简洁的表现，也达到了效果图的一般水准。

【鞋子草图的复习要点】

这部分鞋面不用马克笔涂描，是用纸的本色来表现的

用COPIC黑色马克笔描绘粗线来表现鞋子的轮廓，以增强草图的立体感

使用与鞋子色彩相同的色纸（这里是用灰黄色的色纸）

用黑色圆珠笔描绘鞋的车缝线

用餐巾纸蘸上白色色粉来晕涂鞋子的亮面

用削尖的白色彩色铅笔来表现亮部的线和线状部分

用喜欢的马克色进行涂描（这里使用蓝色）

用餐巾纸蘸上黑色色粉进行晕色涂绘

用COPIC黑色马克笔No.10描绘地面粗黑线，以增加草图画面的稳定感

用喜欢的COPIC马克色彩进行涂绘（这里使用绿色）

加上文字以增强草图的真实感（这里使用刮字纸粘贴）

用喜欢的COPIC马克色彩涂绘（这里使用红色系马克）

·BMC 计测仪草图

这是产品设计开发过程中画的数幅草图中的一幅。

（a）以构思草图中的设计草图为基础，在 B3 规格的 VR 纸上用黑色圆珠笔和水性笔等工具画出 BMC 计测仪的线描稿。

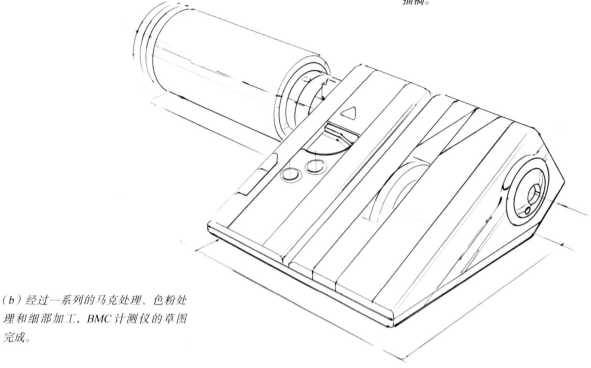

（b）经过一系列的马克处理、色粉处理和细部加工，BMC 计测仪的草图完成。

【BMC 计测仪草图的复习要点】

用餐巾纸蘸上蓝色色粉，从纸的正反两面涂描

用 COPIC 黑色马克笔表现反射投影，来强调电镀金属的质感

用灰黄色的色粉表现金属表面反射地面的效果，强调电镀金属的质感

用黑色圆珠笔、水性笔和彩色铅笔刻画轮廓线和分割线

亮线用白色彩色铅笔和白广告色进行简洁的表现

用黑色马克笔涂描暗部和最暗的部分，以增强画面效果

亮部可以留白或用橡皮擦去色粉来表现

阴影部分使用 COPIC 黑色马克笔涂描，以增强画面效果

高光部分用彩色铅笔和白色广告色进行表现

用餐巾纸蘸上蓝色色粉，从纸的正反两面进行涂描

用削尖的白色彩色铅笔简洁地描绘亮部细的分割线

强光部分的线（细的棱线）可使用带槽的直尺，用白广告色进行表现

· 球体音响的徒手草图

这是产品设计开发过程中绘制
的数幅草图中的一幅。

*以构思草图中选出的设计稿为基础，用黑
色圆珠笔和水性笔等在 A3 规格的插图纸
上进行球体音响的线描。*
*直线用直尺、曲线用曲线板、圆用椭圆板
进行线描。*

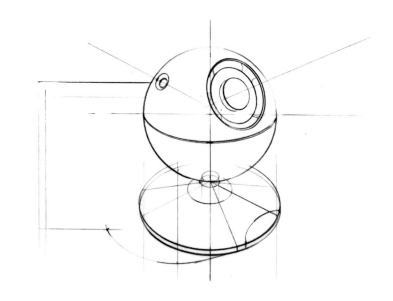

【 球体音响的徒手草图的复习要点 】

用餐巾纸蘸上黄色系色
粉，进行球面的晕色
涂描

用黑色彩色铅笔、细描
马克笔和水性笔刻画轮
廓线和分割线

用 COPIC 黑色马克笔
涂描

用粉状的蓝色色粉和黑
色色粉进行晕色涂描来
表现金属质感

用喜欢的 COPIC 马克
色笔在水平方向作往复
涂描来表现背景

亮部可以在马克笔和色
粉描绘时留白来表现

用喜欢的 COPIC 马克
色笔进行涂描（这里使
用紫色）

用 COPIC 灰色系马克
和蓝色系色粉进行放射
状金属面的表现

高光可用白色彩色铅笔
和白广告色刻画

· 数码投影仪草图

这是产品开发设计过程中绘制的数幅草图中的一幅。

(a) 以构思草图中选出的设计稿为基础，用黑色圆珠笔和水性笔等在 A3 规格的白色插图纸上描绘数码投影仪的线描稿。

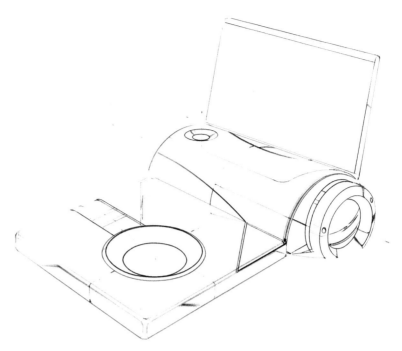

(b) 用 COPIC 冷灰色马克描绘圆筒机身和镜头围边等阴影反射部分。
彩色部分选择喜欢的 COPIC 马克色笔进行描绘。这里使用的是红色、蓝色和橙色的马克。

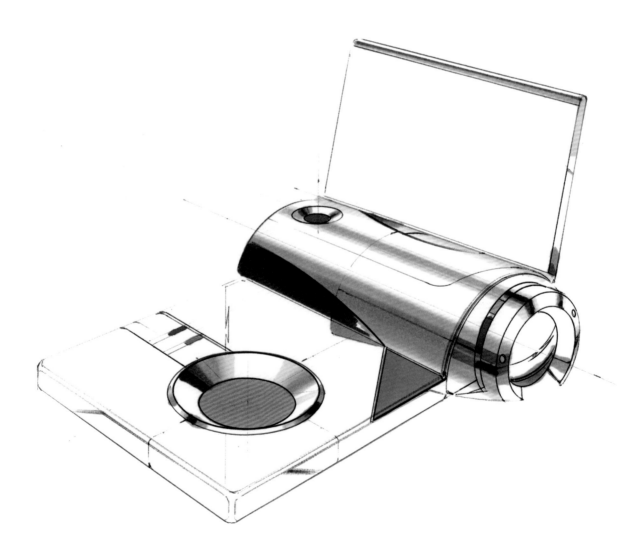

（c）分别用灰色系色粉和蓝色系色粉
简洁地晕色涂绘机身面和镜头。

色粉处理一结束，及时喷涂色粉固定
液，使色粉固定在画面上。接着用削
尖的白色彩色铅笔刻画亮部的分割线
和轮廓线等。

最后将喜欢的风景、人物照片等剪贴
在液晶显示屏上。

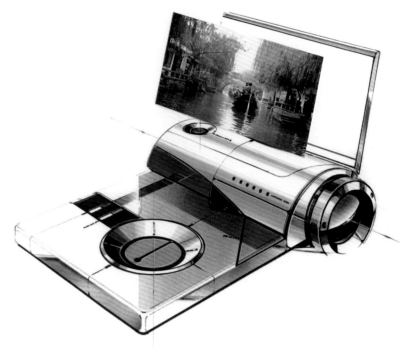

（d）在另外的纸上描绘背景，再将草
图剪切下来粘贴在背景上。

背景没有固定的绘制方法，这里是用
COPIC 马克作纵向往复描绘而成。

最后用白广告色简洁地刻画高光线和
高光点，草图即告完成。

【数码投影仪的草图复习要点】

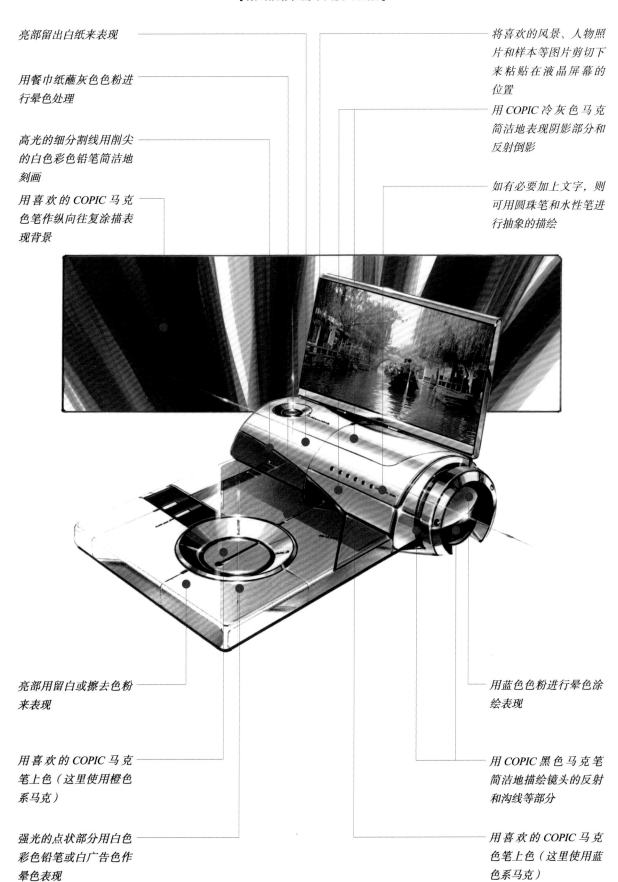

亮部留出白纸来表现

用餐巾纸蘸灰色色粉进行晕色处理

高光的细分割线用削尖的白色彩色铅笔简洁地刻画

用喜欢的 COPIC 马克色笔作纵向往复涂描表现背景

将喜欢的风景、人物照片和样本等图片剪切下来粘贴在液晶屏幕的位置

用 COPIC 冷灰色马克简洁地表现阴影部分和反射倒影

如有必要加上文字，则可用圆珠笔和水性笔进行抽象的描绘

亮部用留白或擦去色粉来表现

用喜欢的 COPIC 马克笔上色（这里使用橙色系马克）

强光的点状部分用白色彩色铅笔或白广告色作晕色表现

用蓝色色粉进行晕色涂绘表现

用 COPIC 黑色马克笔简洁地描绘镜头的反射和沟线等部分

用喜欢的 COPIC 马克色笔上色（这里使用蓝色系马克）

• 文具（打孔机）草图

这是产品设计开发过程中数幅草图中的一幅（这幅草图是将COPIC马克笔装在马克喷枪上，像用色粉进行晕色描绘一样来表现晕色效果）。

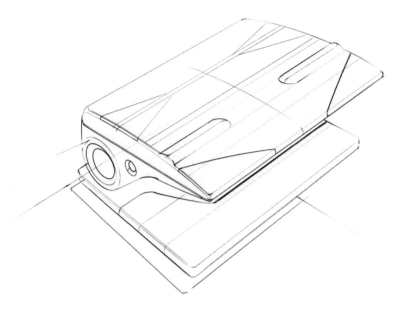

以构思草图中选出的设计稿为基础，用黑色圆珠笔和水性笔等工具在A3规格的白色插图纸上进行打孔机的线描。

【文具（打孔机）的草图复习要点】

高光面在喷涂时遮住，留出白纸即可

将喜欢的马克色笔装在马克喷枪上进行晕色表现

用喜欢的COPIC马克色进行晕色涂描（这里使用蓝色系马克）

高光部分用白色彩色铅笔和白广告色简洁地晕色处理

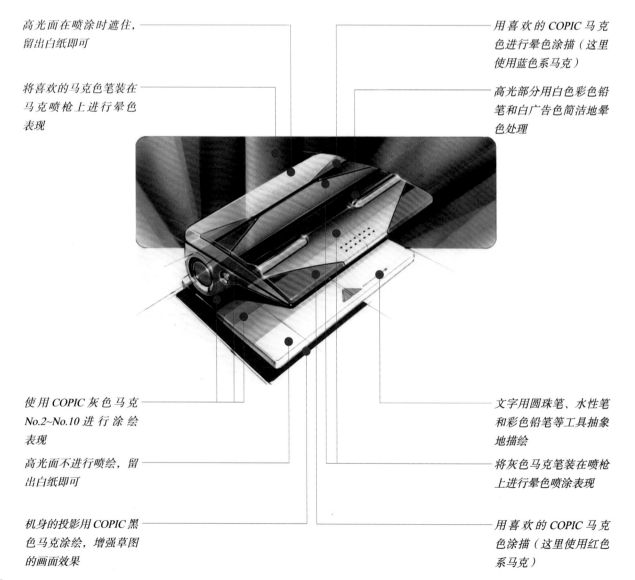

使用COPIC灰色马克No.2~No.10进行涂绘表现

高光面不进行喷绘，留出白纸即可

机身的投影用COPIC黑色马克涂绘，增强草图的画面效果

文字用圆珠笔、水性笔和彩色铅笔等工具抽象地描绘

将灰色马克笔装在喷枪上进行晕色喷涂表现

用喜欢的COPIC马克色涂描（这里使用红色系马克）

· 化妆瓶和口红的效果图

这是为学生进行质感表现练习而描绘的示范图，是在 VR 纸（与描图纸类似的纸）上用马克和色粉等工具绘制的。

由于这种纸是半透明的，所以马克和色粉都可以从纸的正反两面进行涂描，以表现微妙的中间色。

以构思草图中选出的设计稿为基础，用黑色圆珠笔和水性笔等工具在 A3 规格的 VR 纸（使用正面）上进行化妆瓶和口红的线描。
直线用直尺、曲线用曲线板、圆用椭圆板表现。

【 化妆瓶和口红的效果图复习要点 】

用 COPIC 液状马克（喜欢的色彩）自由描绘背景

在纸的背面涂描红色系马克，在纸的正面用红色系色粉进行描绘

用黄色系的色粉进行晕色描绘来表现黄金色的金属质感

用 COPIC 黑色马克来描绘反射投影，强调表现金属的光泽感

在纸的背面用黑色马克描绘瓶壁的厚度等，来表现瓶的透明质感

高光点用白色彩色铅笔和白广告色来进行晕色描绘

用白广告色和带槽直尺来刻画高光线

用削尖的白色彩色铅笔简洁地表现亮部的分割线和轮廓线

用黑色 COPIC 马克描绘反射投影来强调金属的光泽感

用黑色圆珠笔和水性笔等工具刻画轮廓线和细部

用粉状的茶色色粉进行晕色描绘来表现背景的反射投影

如需要文字的话，用刮字纸来表现（这里使用的是白色刮字纸）

· 玻璃器皿的高光画法

这是为学生进行质感表现练习而描绘的示范图。

对于透明的物体，在色纸上比在白纸上更容易表现。

（a）以构思草图中选出的设计稿为基础，用黑色圆珠笔和水性笔等工具，在 A3 规格的描图纸上进行玻璃器皿的线描。

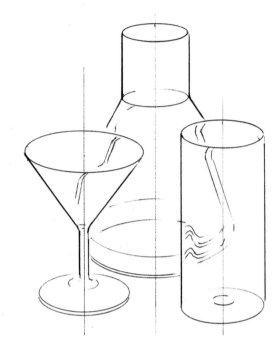

（b）先将玻璃器皿的线描草图复制在喜欢的色纸上（这里使用蓝色 CANSON 纸 ）。

接着使用 COPIC 黑色马克、白色色粉、白色彩色铅笔和白广告色完成草图。

【玻璃器皿高光画法的复习要点】

亮部的高光部分用白色
彩色铅笔和广告色进行
晕色表现

后面玻璃器皿的折射表
现（表现透明玻璃器皿
的特征）

使用喜欢的色纸（这里
使用 CANSON 的蓝色
系色纸）

用 COPIC 黑色马克笔
（细描笔部分）描绘玻
璃器皿的厚度

后面玻璃器皿轮廓的折
射表现（表现透明玻璃
器皿的特征）

亮部的线和轮廓线用削
尖的白色彩色铅笔简洁
地表现

用 COPIC 黑色细描笔
进行器皿厚度的描绘

亮部的线和轮廓线等用
削尖的白色彩色铅笔简
洁地表现

强光部分用白色色粉和
白广告色作晕色表现

黑色细线用黑色圆珠
笔、水性笔和黑色彩色
铅笔简洁地表现

后面玻璃器皿轮廓的折
射表现（表现透明玻璃
的特征）

轮廓线用白色彩色铅
笔、白广告色和黑色圆
珠笔等工具简洁地描绘

・不锈钢水壶的草图

这是供学生进行不锈钢质感表现练习而描绘的示范图。

因是与圆筒形类似的单纯形态，故易于描绘，用来进行不锈钢质感表现是很好的题材。

（a）以构思草图中选出的设计稿为基础，用黑色、红色的圆珠笔和水性笔等工具在 A3 规格的白插图纸上画出不锈钢水壶的线描图。

（b）用喜欢的 COPIC 马克色（这里用的是红色系）进行把手和壶盖提手部分的描绘。为防止马克色画出界，可使用直尺和曲线板辅助。

（c）用黑色马克笔简洁地描绘把手、壶盖和壶体上的反射倒影。

然后用最黑的马克描绘壶体的投影，增强草图的画面效果。直线用直尺、曲线用曲线板、圆用椭圆板刻画。

（d）为防止色粉画出界外，可以将必要的部分用描图纸或专用胶带等材料进行遮挡。然后用折叠得很小的餐巾纸或棉片蘸上黑色色粉（其中黑为50%、蓝为50%）在壶体上作纵向往复晕色涂描表现。

如有出界的色粉，壶体亮部和明亮的反射面等可以用软橡皮或橡皮擦擦拭来表现。

色粉处理一结束，及时喷上色粉固定液，使色粉固定在画面上。

（e）用削尖的白色彩色铅笔来刻画轮廓线、亮部的线和细节。直线用直尺、曲线用曲线板、圆用椭圆板来表现。

（f）用白圭笔蘸上白广告色来刻画亮部的轮廓线、高光线和细节。

直线用带槽直尺肯定地刻画。

（g）最后，亮部的强光处用白色彩色铅笔和白广告色进行晕
色处理，草图即完成。
备注：如需文字，可使用刮字纸。

【不锈钢水壶的草图复习要点】

亮部的强光点用白色彩色铅笔和白广告色进行晕色处理

亮部的线用白色彩色铅笔和白广告色简洁地表现

反射阴影用COPIC黑色马克加强涂绘，以强调不锈钢的光泽感

亮部的线和轮廓线用白色彩色铅笔简洁地表现

用喜欢的COPIC马克色描绘把手色彩（这里使用红色和黑色）

把手的反射阴影用COPIC黑色马克简洁地描绘

用COPIC黑色马克描绘反射阴影来强调不锈钢的质感

使用白、红、蓝色刮字纸粘贴文字

在涂绘黑色马克后，用黑和蓝混合色粉作晕色处理

壶体的投影用COPIC黑色马克涂绘以增强草图画面效果

用黑色彩色铅笔描绘周围的反射倒影，以强调不锈钢的质感

亮部采用留白或擦去色粉来表现

·踏板车草图

这是为学生进行造型展开训练而画的示范草图。

踏板车整体效果用主视图来表现（不是透视图的制图方式）。

（a）以构思草图中选出的设计方案为基础，用黑色圆珠笔和水性笔等工具，在 A3 规格的白色插图纸上描绘正面线描图。

【踏板车草图的复习要点】

用粉状的色粉作横向往复晕色涂绘背景

沿车体曲线的棱线，用 COPIC 灰色马克笔 No.2~No.7 来刻画

用 COPIC 马克笔 No.8~No.10 来涂绘

用黑色和蓝色混合色粉（黑 60%+ 蓝 40%）作晕色涂描

车身亮部可留出白纸来表现（即不涂马克）

用喜欢的 COPIC 马克色涂描（这里使用蓝色系）

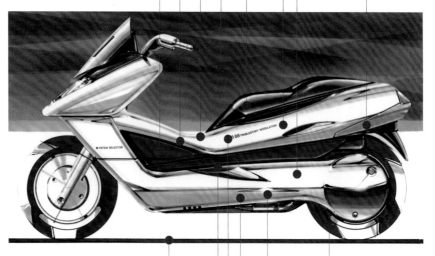

用黑色 COPIC 马克画地面线，增加草图的稳定感

用削尖的白色彩色铅笔刻画亮部的轮廓线和分割线等

如需文字，可以手绘或用刮字纸粘贴表现

车轮用 COPIC 黑色马克作省略表现

亮部强光处，可用白色彩色铅笔或白广告色作晕色表现

使用 COPIC 灰色马克笔 No.2~No.4 来表现车身的金属质感

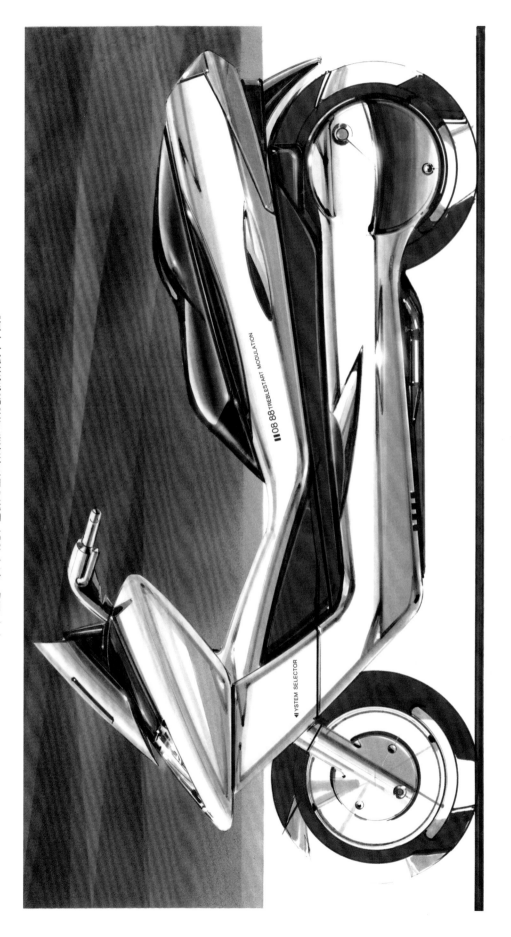

（b）经过一系列马克、色粉处理和细部添加工后完成的踏板车草图。

· 扫描仪草图

这是产品设计开发过程中数张草图中的一张。

（a）以构思草图中选出的设计方案为基础，用黑色圆珠笔和水性笔等工具，在A3规格的白色插图纸上描绘扫描仪的线描稿。
直线用直尺、曲线用曲线板、圆用椭圆板描绘。

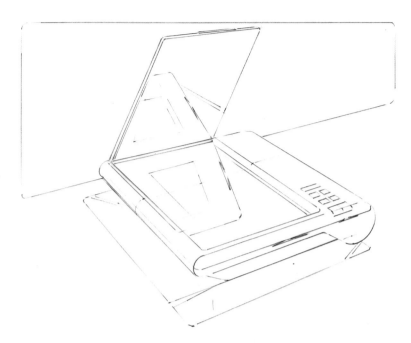

（b）经过一系列马克处理和细部加工后完成的扫描仪草图。

【扫描仪的草图复习要点】

明亮的反射倒影可以用留白或擦去色粉来表现

用白色彩色铅笔或白广告色简洁地刻画亮部轮廓线

用喜欢的色粉作纵向往复涂描来简洁地表现背景

用餐巾纸蘸上灰色色粉进行晕色表现

用COPIC灰色马克No.10（黑）涂描表现反射和机身面

机身亚光面可以用灰色马克粉进行晕色表现

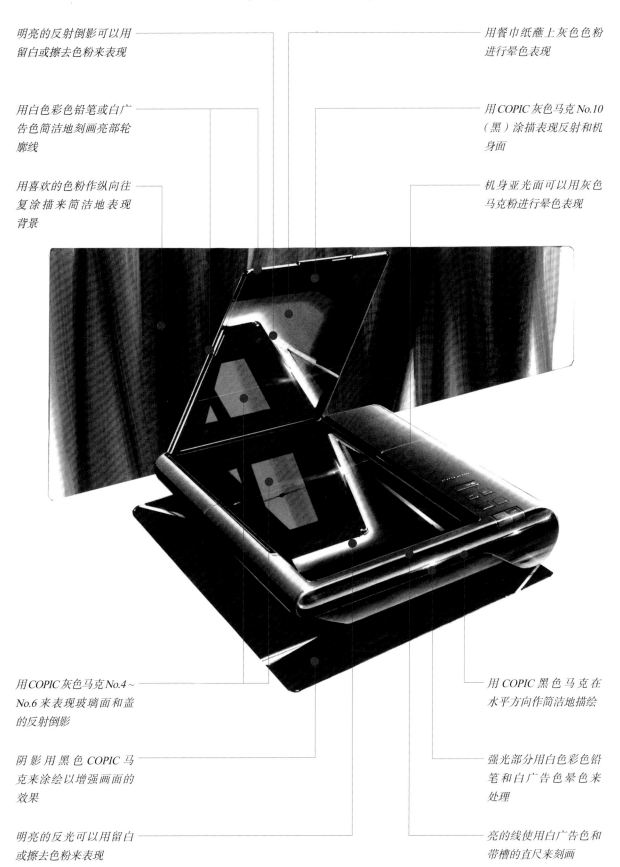

用COPIC灰色马克No.4～No.6来表现玻璃面和盖的反射倒影

阴影用黑色COPIC马克来涂绘以增强画面的效果

明亮的反光可以用留白或擦去色粉来表现

用COPIC黑色马克在水平方向作简洁地描绘

强光部分用白色彩色铅笔和白广告色晕色来处理

亮的线使用白广告色和带槽的直尺来刻画

• 运动车草图

这是为学生进行造型展开训练而描绘的运动车示范草图。

因为以造型练习为目的，所以不考虑生产、构造和时尚等因素。

（a）用黑色圆珠笔和水性笔等工具在B3 规格的 VR 纸（类似描图纸）上画运动车的线描图。

直线用直尺、曲线用曲线板、圆用圆规来描绘。

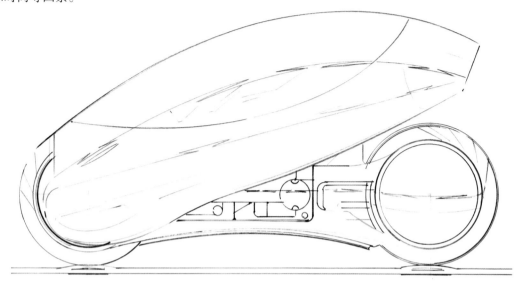

（b）用红色马克笔在纸的正、反两面描绘车身的反射面。

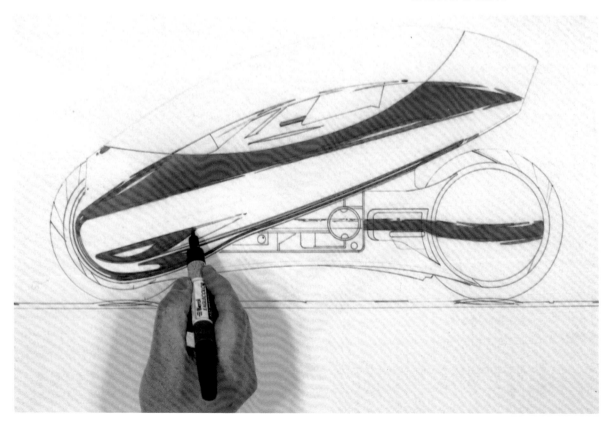

（c）用灰色系和黑色马克笔，从纸的正、反两面描画车窗和车身面的反射。
备注：从纸的两面涂描能表现微妙的中间色。

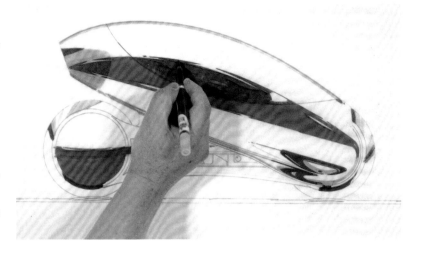

（d）为不使色粉画出界线，可以用描图纸或专用胶带将纸的必要部分遮挡，然后再用餐巾纸或棉片进行车窗的晕色处理。

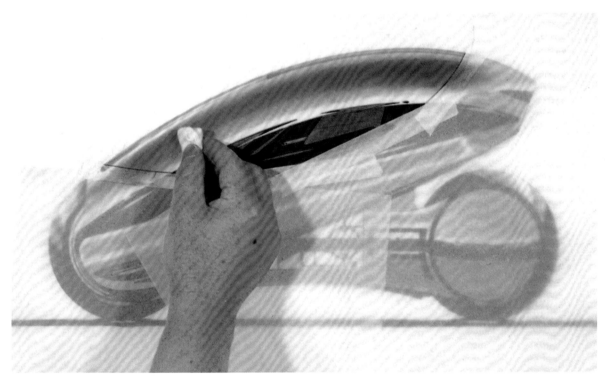

（e）用削尖的白色彩色铅笔刻画明亮的轮廓线、分割线和细部。
直线用直尺、曲线用曲线板、圆用圆规等描绘。

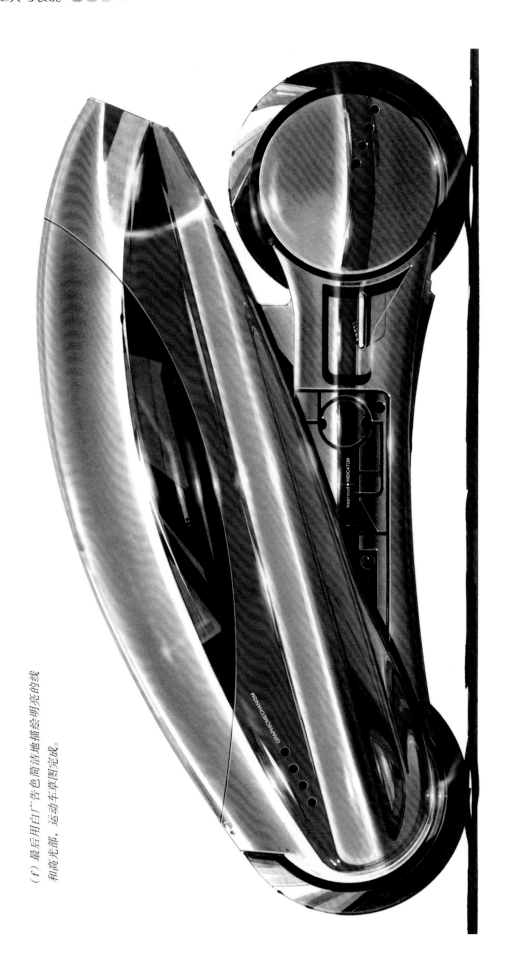

（f）最后用白色广告色简洁地描绘明亮的线
和高光部，运动车草图完成。

【运动车草图的复习要点】

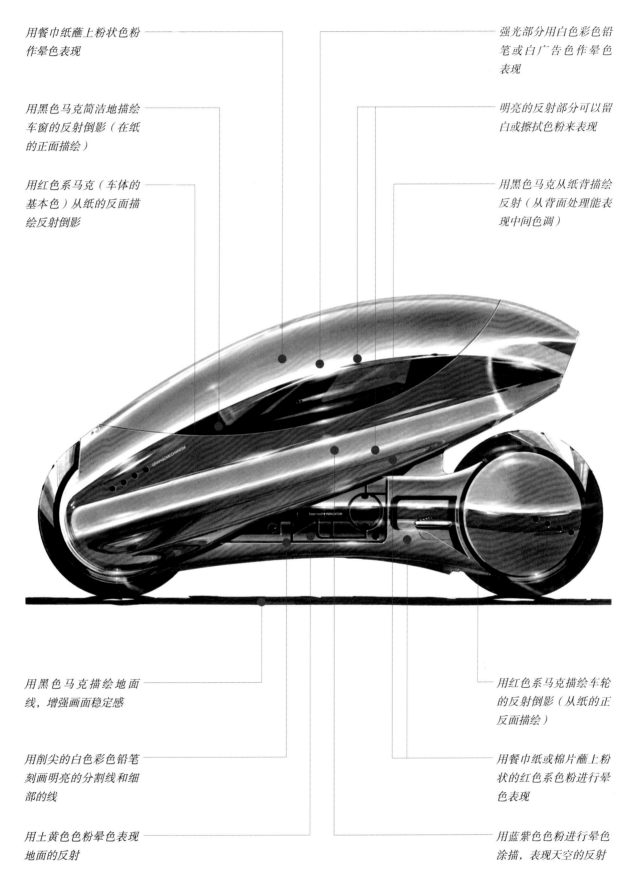

用餐巾纸蘸上粉状色粉作晕色表现

用黑色马克简洁地描绘车窗的反射倒影（在纸的正面描绘）

用红色系马克（车体的基本色）从纸的反面描绘反射倒影

强光部分用白色彩色铅笔或白广告色作晕色表现

明亮的反射部分可以留白或擦拭色粉来表现

用黑色马克从纸背描绘反射（从背面处理能表现中间色调）

用黑色马克描绘地面线，增强画面稳定感

用削尖的白色彩色铅笔刻画明亮的分割线和细部的线

用土黄色色粉晕色表现地面的反射

用红色系马克描绘车轮的反射倒影（从纸的正反面描绘）

用餐巾纸或棉片蘸上粉状的红色系色粉进行晕色表现

用蓝紫色色粉进行晕色涂描，表现天空的反射

4.4 产品设计草图底稿集

这部分底稿集（线描草图）可供读者练习使用。

可以用复印机和描绘设备等放大、缩小或变形处理，也可以将描图纸叠在底稿上进行描绘。

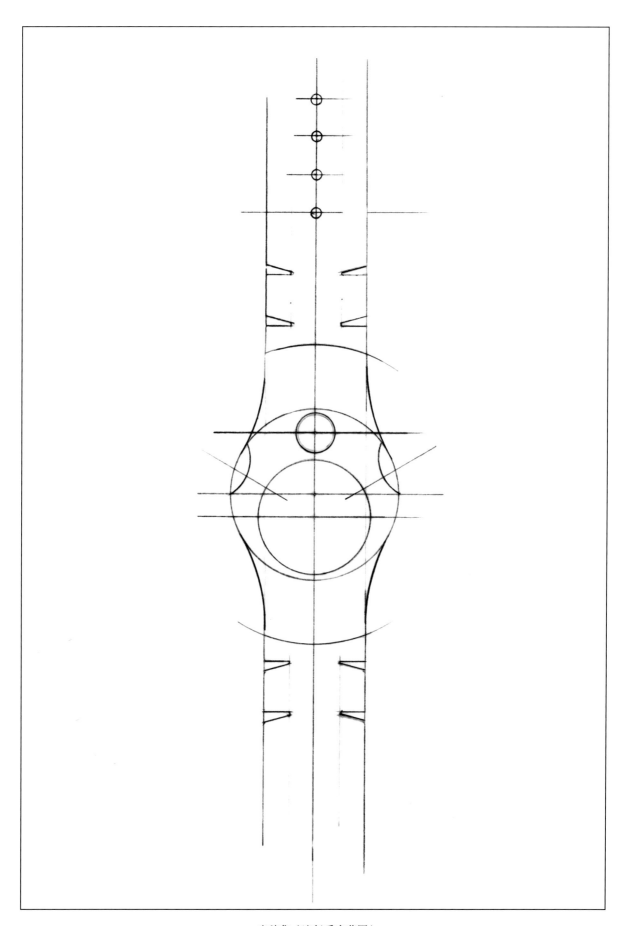

底稿集（流行手表草图）

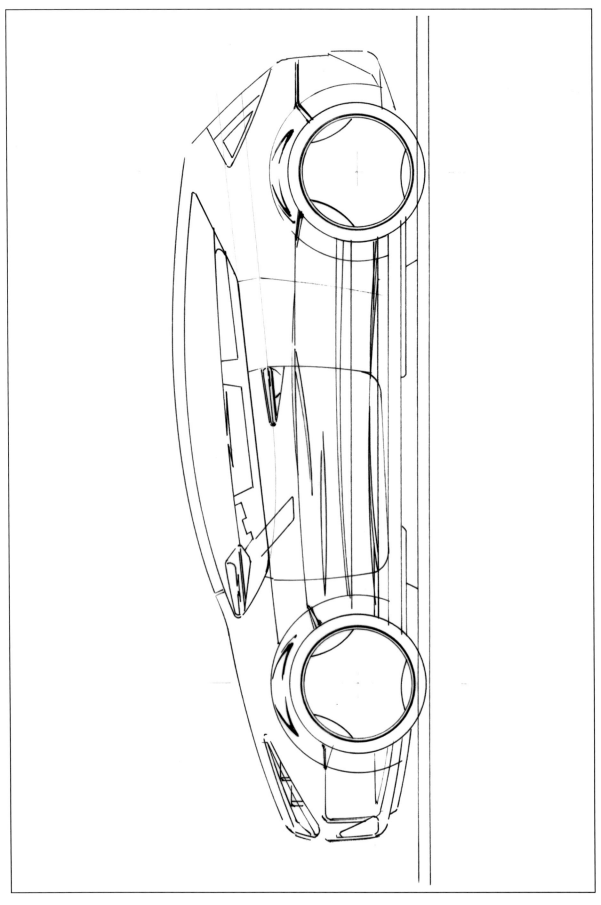

底稿集（轿车草图）

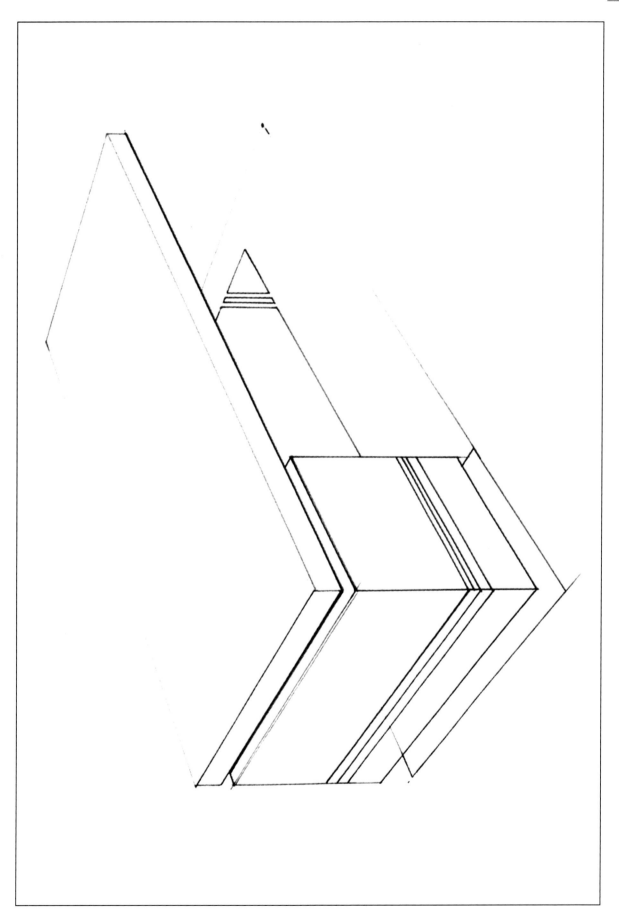

底稿集（木纹台草图）

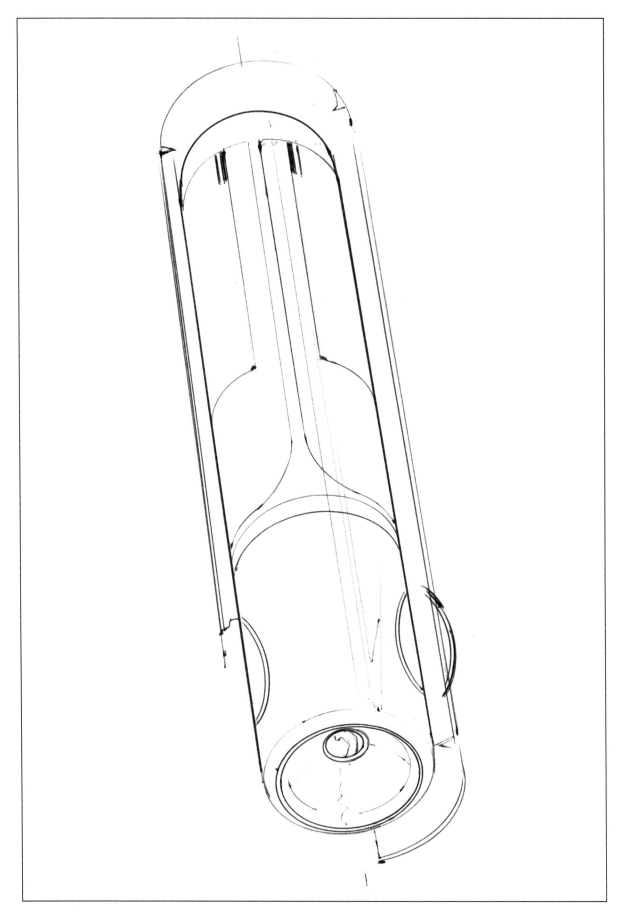

底稿集（手电筒草图）

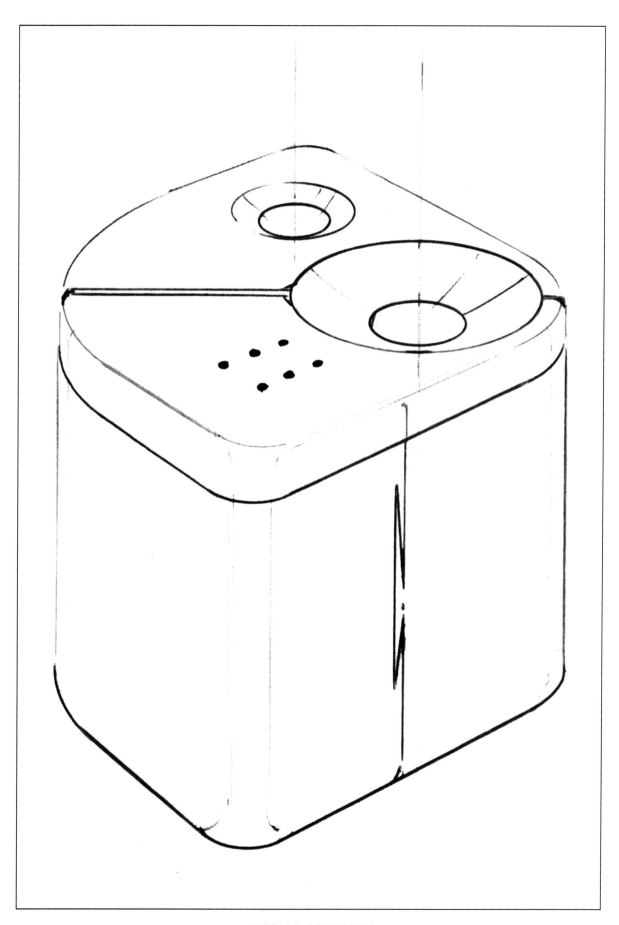

底稿集（电动卷笔器草图）

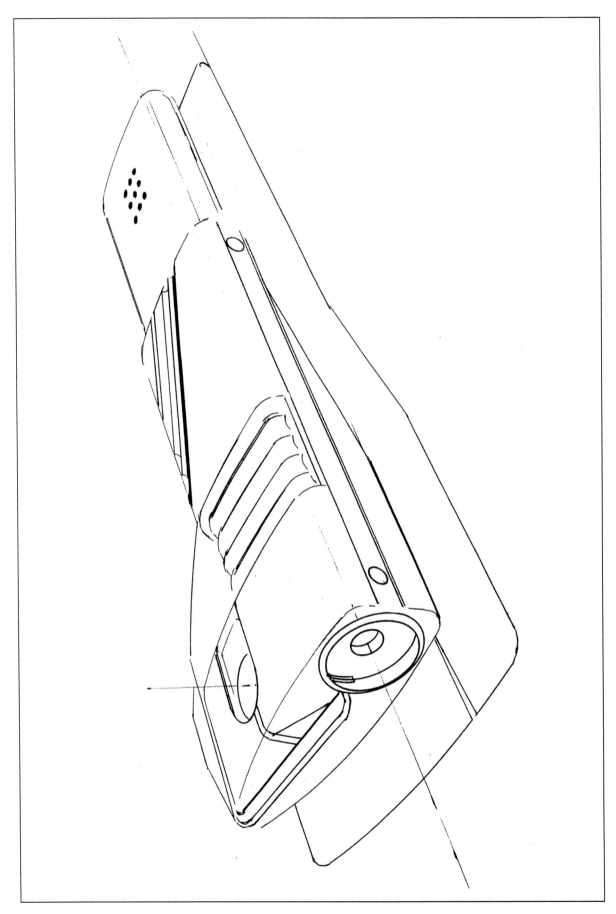

底稿集（特殊电话机草图）

底稿集（鞋子草图）

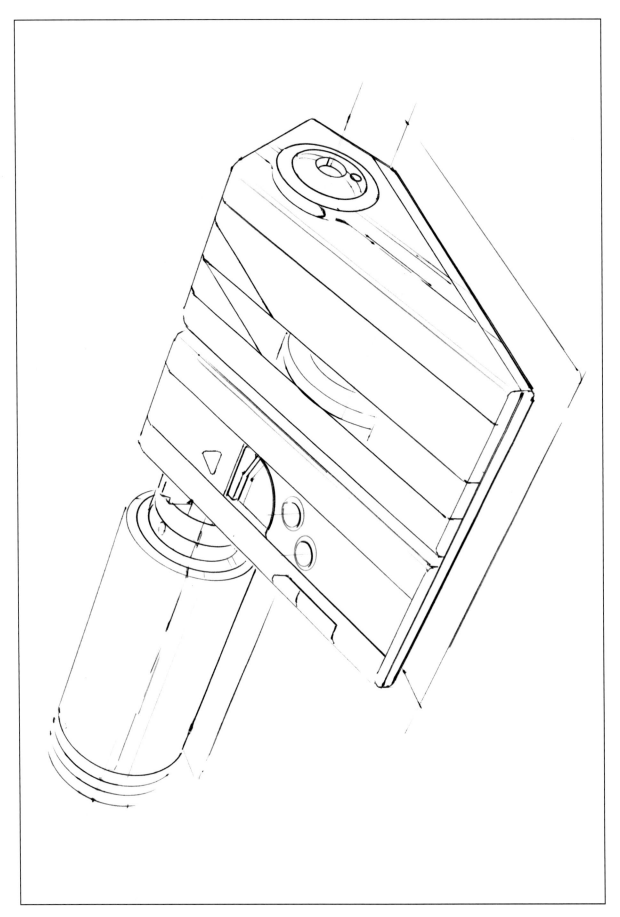

底稿集（BMC 计测仪草图）

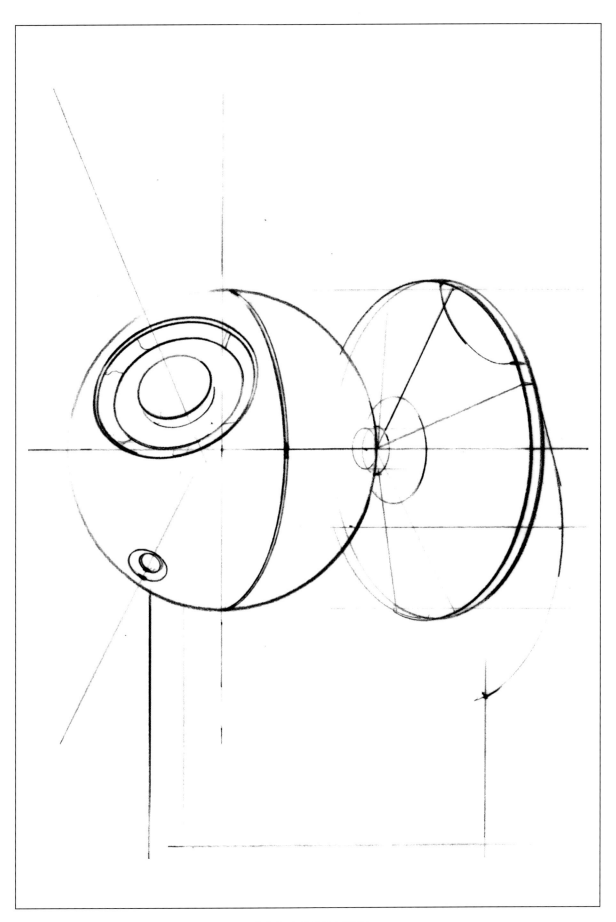

底稿集（球形音响草图）

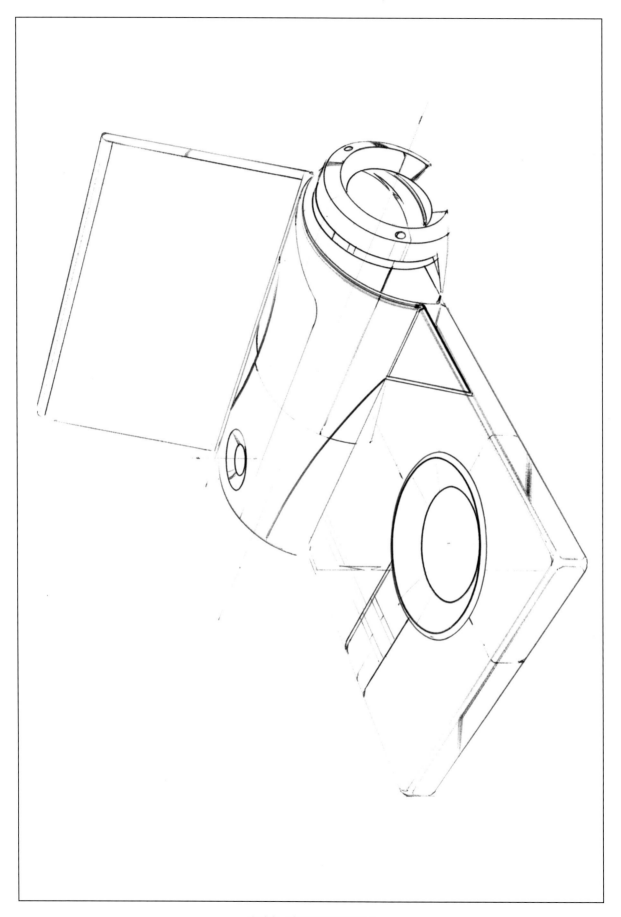

底稿集（数码投影仪草图）

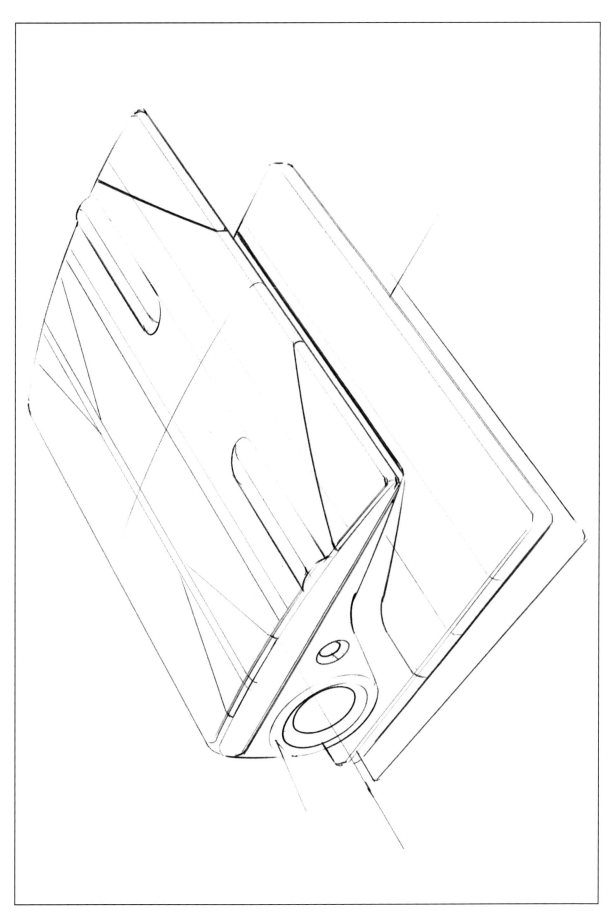

底稿集（文具·打孔机草图）

底稿集（化妆瓶和口红草图）

底稿集（玻璃器皿的高光草图）

底稿集（不锈钢水壶草图）

底稿集（踏板车草图）

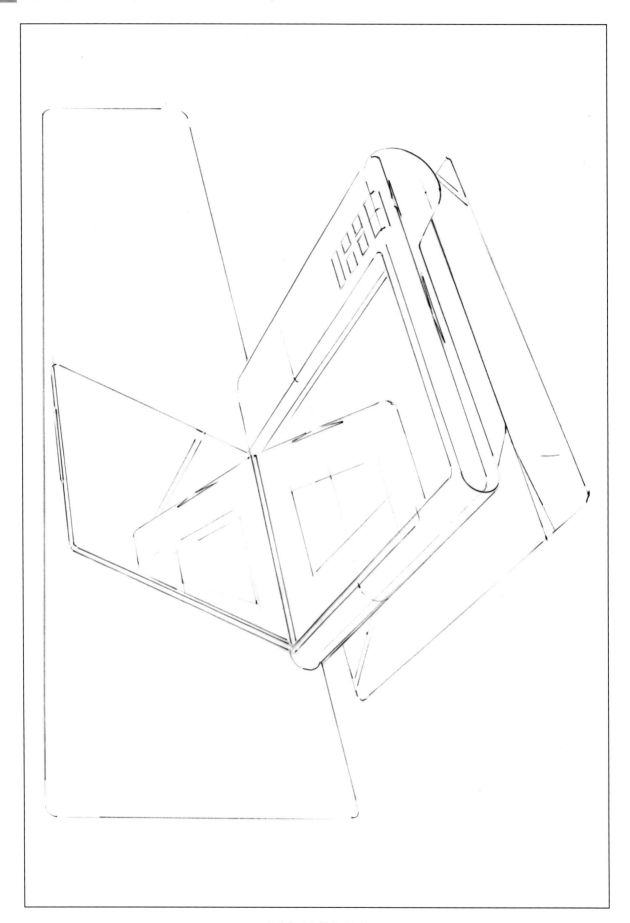

底稿集（扫描仪草图）

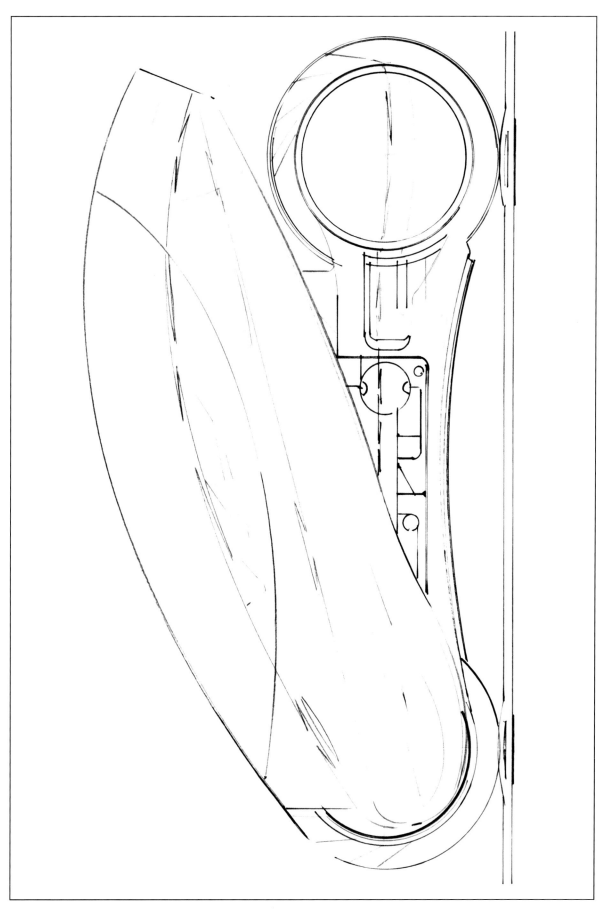

底稿集（运动车草图）

后记

本书设计工具的大部分资料转载自 TOOLS 株式会社的产品目录。

黏土、石膏、发泡塑料等模型实例中，有一部分转载自以前出版的模型技法书。

模型制作技法，无论过去和现在，基本上没有什么变化，故挑选了以前出版的技法书中受到好评的实例，在本书中引用。

此外，草图实例也有一部分引用自以前出版的草图技法书。

由于以马克笔为主体的草图技法与时代无关，没有什么变化，为此，也从以前出版的技法书中选择了受到高度好评的实例进行引用。

虽说本书介绍的部分工具其制造企业、销售公司的名称已经改变，有的企业已不再制造，但工具本身的种类和使用方法基本上没有变化。

最后，在本书出版之际，向为撰写前言的张福昌老师、译者黄河老师、清华大学出版社的编辑，以及为本书提供珍贵设计工具等资料的 TOOLS 株式会社表示衷心的感谢！

清水吉治

2016 年 12 月

参考文献

[1] DOBLIN J. デザイン透視図法 [M]. 岡田朋二，山内陸平，译. 东京：鳳山社，1980.

[2] 別冊アトリエ・マーカーイラスト技法 [M]. 东京：アトリエ出版社，1980.

[3] 清水吉治，降旗英史，等. 工業デザイン全集第 4 巻デザイン技法 [M]. 东京：Japan Publishing Service，1982.

[4] 清水吉治. マーカー・テクニック [M].. 东京：Graphic-sha，1990.

[5] 清水吉治，田野雅三，等. モデリングテクニック [M]. 东京：Graphic-sha，1991.

[6] 清水吉治. マーカーによるデザインスケッチ [M]. 东京：Graphic-sha，1995.

[7] 清水吉治. スケッチによる造形の展開 [M]. 东京：Japan Publication Service，1998.

[8] 清水吉治，川崎晃義. プロダクトデザインのための製図 [M]. 东京：Japan Publication Service，2000.

[9] 清水吉治. 新マーカーテクニック [M]. 东京：GRAPHIC-SHA，2002.

[10] 清水吉治，横溝建志，等. ドローイング・モデリング [M]. 东京：武蔵野美術大学出版局，2002.

[11] 清水吉治. 产品设计效果图技法 [M]. 马卫星，译. 北京：北京理工大学出版社，2003.

[12] 清水吉治，酒井和平. 设计草图・制图・模型 [M]. 张福昌，译. 北京：清华大学出版社，2007.

[13] 清水吉治. 产品设计草图 [M]. 张福昌，译. 北京：清华大学出版社，2011.

[14] 清水吉治. プロダクトデザインスケッチ [M]. 东京：Japan Publication Service，2011.

[15] 清水吉治. 工业设计草图 [M]. 张福昌，译. 北京：清华大学出版社，2013.

[16] 清水吉治. 产品设计效果图技法 [M]. 2 版. 马卫星，译. 北京：北京理工大学出版社，2013.